生物の科学
遺伝 いきものライブラリ **4**

ハシビロコウの生物学

"謎の鳥"の進化・生態・飼育・
繁殖・保全を徹底解説

生物の科学 遺伝・編

NTS

【監 修】

楠田 哲士
岐阜大学　応用生物科学部　教授／
動物園生物学研究センター長

【執 筆 者 一 覧】

楠田 哲士
岐阜大学　応用生物科学部　教授／
動物園生物学研究センター長

西海 功
国立科学博物館　動物研究部　研究主幹

川上 和人
森林総合研究所　野生動物研究領域　鳥獣生態研究室長

山嵜 隆央
テレビマンユニオン「世界ふしぎ発見！」ディレクター

吉田 智紀
岐阜大学大学院　連合農学研究科　博士後期課程

山本 彩織
元・岐阜大学大学院　連合農学研究科　博士後期課程

小川 裕子
公益財団法人　東京動物園協会　恩賜上野動物園

宗近 功
一般財団法人　進化生物学研究所　主任研究員

葛西 宣宏
元・公益財団法人　東京動物園協会　恩賜上野動物園
教育普及課教育普及係動物相談員

永田 裕基
公益財団法人　東京動物園協会　多摩動物公園
飼育展示課北園飼育展示係

松本 和人
元・千葉市動物公園

水上 恭男
千葉市動物公園　飼育第2班　主査

立山 優里子
千葉市動物公園　飼育第2班　技師

小松 美和
公益財団法人　高知県のいち動物公園協会
主幹・学芸員

木村 夏子
公益財団法人　高知県のいち動物公園協会
飼育第2係長・学芸員

佐藤 哲也
元・神戸どうぶつ王国／那須どうぶつ王国
園長、代表取締役

金原 弘武
岐阜大学大学院　連合農学研究科　博士後期課程

長倉 かすみ
公益財団法人　横浜市緑の協会　動物園部金沢動物園　園長

鈴木 詩織
ハシビロコウ愛好家

南幅 俊輔
グラフィックデザイナー・写真家

〈写真協力〉
おぴ～とうもと

〈企画・ディレクション〉
大西 順雄（株式会社エヌ・ティー・エス）

『生物の科学　遺伝』いきものライブラリについて

　『生物の科学　遺伝』いきものライブラリは，隔月刊行誌『生物の科学　遺伝』の特集をハンディサイズにリメークしたシリーズです。『生物の科学　遺伝』の特集は，最新の研究論文を中心に，いきものの研究最前線をお伝えしてきました。『いきものライブラリ』はグラビアページのレイアウトを拡充し，全ページにわたって写真をじっくり見て楽しんでいただけるレイアウトを採用しています。

　いきものライブラリ④「ハシビロコウの生物学」では，本誌特集で紹介してきたハシビロコウの分類，生態，形態，飼育，繁殖，保全など各項目について，最新情報を加えました。

　「＋α」コーナーとして，「生体ライブラリ」「剥製・骨格ライブラリ」を収録いたしました。日本全国に発刊時に見ることができる"生きた"ハシビロコウを，飼育員の視点で見どころを紹介していただいています。また，博物館を中心とした剥製や骨格標本の収録一覧も掲載いたしました。

　『生物の科学　遺伝』いきものライブラリは，「見て・知って・考えて・観る」をテーマに，動植物，鳥，昆虫などのシリーズ化を進めております。次の企画にもご期待ください。

『生物の科学　遺伝』編集部

まえがき

　その独特な容姿や生態から注目され，人気のあるハシビロコウ。「動かない鳥」として有名である。しかし，ハシビロコウの生物学については，ほとんど研究されておらず，多くの謎がある。本書では，分類学，生態学，形態学，繁殖学等のさまざまな分野から，今わかっているハシビロコウ情報を解説するとともに，動物園での飼育下繁殖にむけた挑戦，保全事情の最前線，来園者目線での魅力などについて紹介する。

　本書は，2021年9月に発行された隔月刊誌『生物の科学 遺伝』75巻5号の特集「ハシビロコウの生物学と保全」がもとになっている。この特集号は幸い人気を博し，書籍版にリメイクすることになったのである。書籍化に際しては，いくつかの新たな情報を加えるとともに，生体や標本として私たちが日本で観ることのできる個体の情報，それらを飼育もしくは展示する動物園・博物館などの情報を紹介するページを設けた。

　上記の特集号の発行以降に，ハシビロコウ界ではとても大きなニュースがあった。千葉市動物公園のハシビロコウの"しずか"が2024年6月15日に産卵したのである。交尾には至っていないため未受精卵ではあるが，飼育下でハシビロコウが産卵すること自体，世界的にも極めて稀なことである。産卵時やそこに至るまでの状況は本種にとって非常に貴重かつ重要な情報であり，本書で初めて紹介いただいた (本書p.124–125)。日本は世界の中でとても多くのハシビロコウを飼育する国である。繁殖の成功にむけて科学的なアプローチを今後も続けていくが，あまりにも繁殖が困難な動物で，もはや神頼みということも頭をよぎる。千葉県にある柏諏訪神社には，ハシビロコウの御朱印や御守りなどがある。数年前に郵送いただいて入手したが，そろそろ参拝しに行こうかとも考えている。

ハシビロコウ   （神戸どうぶつ王国の「ハシビロコウ生態園 Big bill」にて筆者撮影）

　もう一つここで触れておかなければならないことがある。

　特集号で「新しいハシビロコウ展示と繁殖への挑戦 ——アジア地域での成功を目指して」(本書 p.134–145) を執筆いただいた佐藤哲也氏 (神戸どうぶつ王国・那須どうぶつ王国 元園長) が，2024 年 3 月 6 日に逝去された。享年 67 歳だった。亡くなられる 1 ヶ月半前の 1 月 18 日に王様 (私も周囲の方々も親しみを込めてそう呼んでいた) からお電話をいただき，いつもと変わらないご様子だった。動物の話で楽しく盛り上がったが，この会話が私にとって王様との最後になった。電話の内容は，神戸どうぶつ王国のハシビロコウ (とマヌルネコ) の今後の繁殖に関することだった。王国には，2021 年にハシビロコウの新施設「ハシビロコウ生態園 Big bill」がオープンしており，王様のハシビロコウの繁殖に対する並々ならぬ意気込みを感じていた。私たちも新施設でのハシビロコウの繁殖生理状態を調査中で，繁殖を期待している。電話では，「園内のスタッフを集めるから，近いうちにハシビロコウの勉強会をやろうよ！」という，いつもの積極的なご提案だった。是非！と返答しつつも，毎年 1〜2 月は学生たちの卒業論文の対応や発表会等で身動き

ハシビロコウの卵
千葉市動物公園の"しずか"が2024年6月15日に産卵

（写真提供：千葉市動物公園）

が取りづらく，年度末かなと思い，しばらく先延ばしにしてしまった。それらが落ち着き，勉強会の日程を調整しつつある中での訃報だった。このタイミングでの勉強会に一瞬躊躇したが，そもそも王様の提案でもあり，関係者の意見も一致し，3月17日の夜に神戸どうぶつ王国で勉強会を実施することになった。スタッフの皆様は悲しみや今後の不安をこらえつつも気丈に振る舞っておられた。王様の想いを引き継ぎ，歩みを止めることなく前に進んでいこうという強い意志を感じたことを鮮明に覚えている。ハシビロコウの繁殖に対しても皆で決意を新たにした。

　王様は，自身の動物園作りだけでなく，公益社団法人日本動物園水族館協会の理事（生物多様性委員会 委員長）を務められ，動物園界全体での絶滅危惧種の繁殖の推進や保全への貢献を常に考えておられた。関連する研究会の立ち上げなどにも関わってこられた。私も王国の動物の繁殖のこと，協会や研究会のことなどでいくつかの仕事を王様から託され，多くの場面でご一緒させていただいた。

　神戸どうぶつ王国は，2024年，開園10周年を迎えたそうだ。あと少し・・・王様はこのときを見届けることができなかった。そして，1月に電話で話していたマヌルネコについては，妊娠判定に協力させていただき，4月に悲願の出産に成功したが，この繁殖をともに喜ぶことは叶わなかった。これからのスタートと

柏諏訪神社（千葉県）で入手できるハシビロコウの御朱印や御守りなど

なる多くの置き土産をいただいたのかもしれない。開園10周年とともに，王国へのハシビロコウ来園10周年でもあり，2024年10月27日に王国主催の記念イベント「ハシビロコウ シンポジウム」が開催された。奇しくも，本書もこのタイミングで出版された。さまざまな想いの詰まった本書を多くの方に読んでいただきたい。

　本書の出版によって，その独特な容姿に対する人気だけでなく，ハシビロコウの生物学の面白さへの気づき，絶滅危惧種としての危機や保全への関心の向上，そして繁殖にむけた関係者の意識の結集につながり，益々さまざまな取り組みが加速することを願っている。

監修者として　楠田 哲士

国立大学法人東海国立大学機構岐阜大学　応用生物科学部　教授

ハシビロコウの生物学 ● 目次

ハシビロコウ マップ 189

表紙写真：那須どうぶつ王国でのカシシ♀。2020年10月5日撮影。熱帯の湿地を再現した施設だからか，どこか生き生きとした表情をしている。現在は国内初繁殖を目指してグループ園の神戸どうぶつ王国へ移動。　　　　　（撮影：鈴木 詩織）

Photo Gallery 1

日本のハシビロコウ 百態

Photo Gallery 2

ウガンダ・ハシビロコウ「世界ふしぎ発見！」取材記

Photo Gallery 3

ウガンダのハシビロコウの生息地

日本の
ハシビロコウ 百態

「動かない鳥」として有名なハシビロコウだが，動くことも飛ぶこともある。ここでは，
2021年7月時点で日本にいた14羽のさまざまな表情をお届けする。[文・写真●鈴木 詩織]

1. 顔 編
クチバシの斑点模様や顔つきは個体によって異なる。

上野 サーナ♀

上野 ハトゥーウェ♂

上野 ミリー♀

上野 アサンテ♀

千葉 しずか♀

千葉 じっと♂

松江 フドウ♂

高知 はるる ♀
(2021年10月3日死亡)

高知 ささ♂

神戸 ボンゴ♂

神戸 マリンバ♀

滋賀 はっちゃん♂

掛川 ふたば♀

那須 (現高知) カシシ♀

2. 足と立ち姿 編

湿地を歩いても体が沈まないよう，足には大きな趾が
4本発達している。

掛川 ふたば♀

掛川 ふたば♀

3. 表情 編

じっとしていることが多いためか，あまり表情の変化がないといわれがちなハシビロコウだが，時としてユニークな表情を見せることもある。

掛川 ふたば♀

神戸 マリンバ♀

松江 ブドウ♂

掛川 ふたば♀

高知 はるる♀
(2021年10月3日死亡)

那須（現高知）カシシ♀

那須（現高知）カシシ♀

高知 はるる♀

4. はばたきと 飛翔 編

野生では縄張りを見回るために飛ぶことが多いが，動物園内でもまれに飛ぶことがある。翼を広げると約2.5 mにも及ぶ。

高知 はるる♀
（2021年10月3日死亡）

千葉 じっと♂

掛川 ふたば♀

那須（現高知）カシシ♀

掛川 ふたば♀

千葉 じっと♂

ウガンダ・ハシビロコウ 「世界ふしぎ発見！」 取材記

2017年3月，テレビ番組「世界ふしぎ発見！」の取材でアフリカ，ウガンダへハシビロコウの撮影に挑むことになった撮影隊。許された撮影期間はわずか2日間。果たして無事にハシビロコウと出会い，その姿を映像に収めることができるのか。その風景を捉えた。

［文・写真◉山嵜 隆央（テレビマンユニオン「世界ふしぎ発見！」ディレクター）］

ハシビロコウのつがい

首都カンパラから南西におよそ40 km。車で1時間30分の場所にマバンバ湿原（湿地）がある。

野生の王国・ウガンダ

ヴィクトリア湖とマバンバ湿原

ホオジロカンムリヅル

湿原に現れたハシビロコウのつがい・手前がオス

ハシビロコウのオス

ハシビロコウのオス。近寄って
撮影したが，顔の表情も態勢も
くちばしからのしずくも微動だ
にしない。

オスが狩りをした瞬間

オスが狩りに失敗した直後の表情

諦めて飛び立つオス

メスが狩りに成功した瞬間のドヤ顔

ウガンダの
ハシビロコウの生息地

マバンバ湿地のハシビロコウ放鳥活動に参加した地域関係者と放鳥したハシビロコウ

ウガンダ国内のハシビロコウの生息地のうち，ウガンダ野生生物保全事業で訪れたマバンバ湿地とマカナガ湿地の生息地の様子を紹介する。マバンバ湿地は，ウガンダで野生のハシビロコウを観察するエコツーリズムサイトとして有名である。一方で，マカナガ湿地は，ウガンダ野生生物保全教育センター（UWEC）が地域と協力しながら，ハシビロコウの保全に取り組んでいる地域である。この活動が功を奏し，現在では，地域に暮らすみなさまに保全の重要性が浸透してきている。

［文・写真◉長倉 かすみ（公益財団法人 横浜市緑の協会），写真◉ウガンダ野生生物保全教育センター］

パイナップルなどを運搬する地域住民　　　水を運ぶ地域の子ども

ボートで漕ぎ出し，ハシビロコウを探す。

ラムサール条約に基づき，政府が指定した
マバンバ湿地の看板

野生のハシビロコウ。しばらく観察していたが，ほとんど動かなかった。

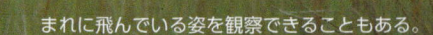

まれに飛んでいる姿を観察できることもある。

多くの地域住民とともに，UWECで保護したハシビロコウの放鳥にボートで向かう。

マカナガ湿地の島に暮らす子供たち

放鳥され，飛び立つハシビロコウ

マカナガ湿地の美しい湖面

UWECのハシビロコウ

ウガンダ野生生物保全教育センター（UWEC）では，マバンバ湿地やマカナガ湿地などの生息地で衰弱していた個体や，違法飼育されていた個体などを保護している。これらの個体をUWECでは，シタツンガやペリカンなどと混合展示している。近くで観察することができるUWECのハシビロコウのさまざまな表情を紹介する。

［文／写真◉長倉 かすみ（公益財団法人 横浜市緑の協会），写真◉ウガンダ野生生物保全教育センター］

ハシビロコウの生物学

その独特な容姿や生態から注目され，人気のあるハシビロコウ。しかし，ほとんど研究されておらず，多くの謎がある。ハシビロコウの生態学，形態学，分類学，繁殖学等のさまざまな観点から，今わかっている生物学を解説するとともに，動物園での飼育や繁殖に向けた挑戦，保全事情の最前線について紹介したい。

［文◉楠田 哲士］

楠田 哲士
Satoshi Kusuda

岐阜大学 応用生物科学部 教授／
動物園生物学研究センター長

日本大学生物資源科学部卒業，岐阜大学大学院連合農学研究科修了。多摩動物公園臨時職員，日本学術振興会特別研究員，2008年から岐阜大学応用生物科学部。専門分野は，動物保全繁殖学，動物園学。日本動物園水族館協会生物多様性委員会 外部委員，日本野生動物医学会 理事，動物園水族館繁殖研究アライアンス 代表，東京動物園協会保全パートナー。主な著書に，神の鳥ライチョウの生態と保全（編著，緑書房，2020），動物園学入門（分担執筆，朝倉書店，2014）。

〈総論〉

ハシビロコウの生物学と保全
——特集企画に際して

1 企画の経緯

　編集部からハシビロコウの特集を組みたいとのご依頼をいただいた。私はハシビロコウの研究者でも専門家でもないため，一瞬断ろうと考えた。ただ，動物園動物の繁殖研究の一環として，研究対象にはしている。私自身は，本種の魅力に惹かれ，以前からさまざまなハシビロコウグッズを収集してきたので，どちらかというと愛好家である。私のように，研究対象にしたことがあったり，周辺情報として文献調査をしたりしたことがあっても，真に"ハシビロコウの研究者"といえる人は，少なくとも日本にはいないのではないだろうか（もしいたらごめんなさい）。本種の繁殖に関する内容はこれまで多少調べてきたものの，正直それ以外は詳しく知らなかった。これを機に自身も勉強したいと前向きに捉えて，挑戦することにした。

　企画にあたっては，どなたに執筆を依頼するか悩んだ。「ハシビロコウの生物学」というお題をいただいた以上，できる限り多くの分野を紹介したかった。さらに，飼育する動物園での過去から現在までを広く紹介しながら，この絶滅危惧種の繁殖や保全への取り組みも紹介したかった。

　紙面の限度はあったが，できる限り広い範囲を目指し

て多くの方にご相談させていただいた。全体的には，繁殖関係や動物園の話題にいくぶん偏っている点は，企画者の興味の主体であるため，どうかご寛容いただきたい。

❷ 執筆者の紹介と特集の概要

　ハシビロコウの分類は，鳥類界において変遷があり，注目されてきた。鳥類分子生態学のご専門である西海功先生（国立科学博物館）にご相談したところ，分類学変遷の面白さに加え，大好きな鳥とのことで快くお引き受けいただけた。生態と形態についても悩ましい分野であったが，広く鳥類保全生態学がご専門の川上和人先生（森林総合研究所）にご相談したところ，この2大分野になんとか挑戦いただけると，お引き受けいただけた。ハシビロコウの生物学を理解するうえで，科学の発展や見直し，そしてその独特な外貌を考えても，まず分類学，生態学，形態学の情報は外せない。

　野生でのハシビロコウの生活は謎が多く，情報が乏しいため誰もが気になるところである。たまたま数年前にテレビ番組の「世界ふしぎ発見！」でハシビロコウが取り上げられた放送回があったことを思い出した。同番組については，フラミンゴの舌の標本写真を提供協力した縁があったため，その伝手で当時の「WILD UGANDA ナイルが生んだ野生の王国」の放送回（2017年5月13日）のディレクターをされた山嵜隆央氏（株式会社テレビマンユニオン）をご紹介いただいた。山嵜氏には現地での撮影秘話やその様子を語っていただくことができ，臨場感ある原稿をいただけた。

　私自身の専門分野は，動物園動物の繁殖学であるため，本種の繁殖には非常に高い関心を持っている。繁殖の研究をおこなっているのは，いずれ小さいハシビロコウを

見てみたい，という不純な動機からである。動物園で繁殖してくれないと実物を見ることができない。あのハシビロコウの雛はいったいどんな感じなんだろう。ハシビロコウの雛に出会うことを夢見ながら繁殖生理の研究を続けている。ハシビロコウの繁殖学は未知の分野である。

世界では飼育下での繁殖が成功していないわけではないが極めて稀で，日本では産卵例はあるが孵化に至っていない。世界的に飼育下での繁殖法が確立されていない稀有な鳥である。今回の特集を機に，できる限りの繁殖情報を集めたいと考えたのも特集を引き受けた理由である。ハシビロコウは，一度の繁殖期に通常2個（クラッチサイズの最大は3）の卵を産むが，1羽の雛しか生存しないことが多い[1]。本種の寿命は約50年で，性成熟には3〜4年かかると報告されている[2]。日本では千葉市動物公園での産卵例しかない。産卵すること自体極めて珍しく，世界的にも非常に貴重な事例である。日本で唯一の「産卵」の経験をお持ちの千葉市動物公園に相談したところ，松本和人氏（元 千葉市動物公園）に当時の詳細をご執筆いただけることになった。

私は，繁殖しない理由や，繁殖した際にどのような生理状態にあるのかにとても興味を持っている（というより繁殖につなげて雛を見たい）。当研究室では，これまで本種の繁殖生理と性判別に関する研究や検査に長らく取り組んできた。これまでの活動を現在の担当学生にまとめてもらった。繁殖例の生理学データを得たことがないため，本特集の「ハシビロコウの飼育下繁殖にむけた繁殖生理解明への挑戦」の項で紹介した糞中の性ホルモンの分析結果は，実際には本来の生理状態（血液中の性ホルモン動態）を反映しているのかはまだ確証がない。このようなデータを継続して収集することで，いずれ産卵があれば，あとになってそのデータの意味を正確に解釈することができる。今は，他の鳥種の繁殖生理やハシ

ビロコウでのわずかな繁殖生態に関する情報などをもとに，考えられる可能性を解釈している。ハシビロコウが動物園でいつ繁殖するかは予期できないため，分析を継続するしかない。ハシビロコウの繁殖生理の研究（糞中の性ホルモンの分析）は，2009年に上野動物園（〜2011年）と千葉市動物公園（〜2012年）の協力を得て開始した。もう10年以上前になる。この間，一度挫折してハシビロコウの研究をやめたことがあった。不運にもやめたあとに，千葉で二度産卵があり，離れてしまったことに後悔しかない。2014年からは神戸どうぶつ王国・那須どうぶつ王国，2015年からは高知県立のいち動物公園と開始し，2020年には上野動物園と再開，2021年には千葉市動物公園とも再開した。なんとかこの研究の中で産卵に巡り合い，ハシビロコウの繁殖学の解明に寄与したい。
［事後追記：千葉市動物公園のしずかが2024年6月15日に産卵したため (本書124–125参照)，ついに産卵に伴う性ホルモンデータを得ることができた。いずれ紹介したい。］

　こうした研究の中で，繁殖への根幹である飼育の分野に大きな興味を持っている。まず日本で初めての飼育に挑戦された黎明期について，最初の飼育施設であった東京農業大学育種学研究所 (現 進化生物学研究所) からの状況を，一般財団法人進化生物学研究所の宗近 功氏にご執筆いただくことができた。そして，この研究所のハシビロコウは1981年から伊豆シャボテン公園 (現 伊豆シャボテン動物公園) へ飼育が引き継がれる。その他，1985年には千葉市動物公園，1998年には長崎バイオパーク（〜1999年まで)，2002年には上野動物園でそれぞれ飼育が開始される。現在に至る上野動物園での飼育状況について，同園の葛西宣宏氏と永田裕基氏に執筆をお引き受けいただくことができた。さらに，2010年からは高知県立のいち動物公園，2013年からは那須どうぶつ王国と神戸どうぶつ王国，2015年からはめっちゃさわれる動物園

表1 **タンパローリーパーク動物園でのハシビロコウの産卵状況** [文献3) より抜粋]

卵	産卵日	卵の状態	備考
1	2009年10月 3日	有精卵（破卵）	
2	2009年11月11日	2009年12月26日孵化	最初の卵1が割れてから30日後に産卵
3	2010年10月25日	無精卵（破卵）	前の幼鳥と同居中に産卵
4	2011年 9月26日	無精卵	
5	2011年12月21日	無精卵	前の卵4を除去後35日目に産卵
6	2012年 3月 7日	無精卵	
7	2012年10月 9日	無精卵	

（2019年1月15日に閉園，その後2021年6月11日にめっちゃおもろい動物園オープン），2016年からは掛川花鳥園，2019年からは松江フォーゲルパークでの飼育がスタートしている。2021年4月には，神戸どうぶつ王国に新しい施設「ハシビロコウ生態園Big bill」がオープンした。ここでは，降雨や気温環境を調節できるこれまでにない飼育法に挑戦できる施設で，神戸どうぶつ王国の佐藤哲也園長にこれからの挑戦についてご執筆いただいた。

　世界でのハシビロコウの飼育下繁殖の状況は気になるところである。そもそも飼育数が少なく，繰り返しになるが，飼育下繁殖の事例は極めて珍しい。2008年7月にベルギーのペリダイザ動物園（当時, Parc Paradisio）で2羽孵化した例が世界初とされる[3]。その後，2009年12月にアメリカ・フロリダ州にあるタンパローリーパーク動物園で1羽が孵化している（表1）[3,4]。動物園としては，この2ヵ所しか知られていないが，他にカタールのアルワブラ野生生物保護センターでの孵化例がある（2015年に孵化した幼鳥の写真が同センターのfacebookに掲載されている）[注]。日本の動物園で繁殖を成功させるためにも，他施設での事例は参考にできる貴重な情報となる。そこで，ペリダイザ動物園を視察されたことがあった高知県立のいち動物公園の小松美和氏にご相談したと

注）在カタール日本国大使館によると，同施設は少なくとも3年前には閉鎖されているとのこと（2021年の問い合わせ時点）。

表2 ハシビロコウの飼育下個体数

国名	飼育施設	雄	雌	性別不明
日本	千葉市動物公園 （千葉県）	1 じっと	1 しずか	0
	恩賜上野動物園 （東京都）	1 ハトゥーウェ	3 アサンテ サーナ ミリー	0
	掛川花鳥園 （静岡県）	0	1 ふたば	0
	神戸どうぶつ王国 （兵庫県）	1 ボンゴ	1 マリンバ	0
	高知県立のいち動物公園 （高知県）	1 ささ	1 カシシ	0
	松江フォーゲルパーク （島根県）	1 フドウ	0	0
	めっちゃおもろい動物園 （滋賀県）	1 はっちゃん	0	0
	日本の計	6	7	0
韓国	アラマル水族館 Aramaru Aquarium	1	0	0
ベルギー	ペリダイザ動物園 Pairi Daiza（Parc Paradisio）	1	2	0
チェコ	プラハ動物園 The Prague Zoological Garden	2	2	0
ドイツ	ヴェルトフォーゲルパーク Weltvogelpark Walsrode	1	1	0
シンガポール	ジュロンバードパーク Jurong Birdpark	1	0	0
ウガンダ	ウガンダ野生生物保全教育センター Uganda Wildlife Conservation Education Centre	0	0	6
アメリカ	ダラス世界水族館 Dallas World Aquarium	2	1	0
	タンパローリーパーク動物園 Zoo Tampa at Lowry Park	1	2	0
合計	36羽	15	15	6

日本は2024年6月の各園の情報。海外は2021年6月時点のZIMS（Species360）登録データを主体に，各動物園のホームページやヨーロッパの動物園動物のデータベースサイト「Zootierliste」の情報を加味して作成。

ころ，その様子をご紹介いただけることになった。

　世界の飼育下のハシビロコウの数は，2013年2月時点では日本を除く12の施設（ベルギー，チェコ，ドイツ，スイス，カタール，シンガポール，ウガンダ，アメリカ）で，雄15羽，雌14

羽，性別不明1羽の計30羽であった[3]。その後，ドイツのヴッパータール動物園，スイスのチューリッヒ動物園，カタールのアルワブラ野生生物保護センター，北米のヒューストン動物園とサンディエゴ動物園サファリパークが飼育を終了している。2021年6月現在，日本を除く七つの飼育施設で計22羽まで減少している（**表2**）。世界的に飼育数が減少傾向にある中，日本の動物園は世界の飼育個体数のおよそ3分の1以上の13羽を飼育しており，繁殖法の確立や研究の進展が望まれる。

　絶滅危惧種であるハシビロコウについて，現地での取り組みや保全の実情を知りたいと考え，JICAの国際技術協力事業としてウガンダ野生生物保全教育センターへ横浜市緑の協会から専門家として派遣された経験をお持ちの長倉かすみ氏（公益財団法人横浜市緑の協会）に，現地の状況をご紹介いただいた。絶滅危惧種の保全の取り組みにおいては，まずその動物を知り，動物園などで実物を観察したり，さまざまな状況を学んだりすることによって関心がより高まる。それが保全意識を生むことにもつながる。動物園でハシビロコウを一目見れば，誰もが惹きつけられる。本特集の最後には，企画者の教え子でもありハシビロコウ愛好家の鈴木詩織氏に，来園者もしくは一般市民の視点で，その魅力を語ってもらった。

3 さいごに

　本特集で，できる限り多くの分野や情報を盛り込むことを目指したが，不完全であることは否めない。近年，その人気の高まりもあってか，多くの素晴らしいムック本や絵本，写真集などが出版されているので，あわせて見ていただきたい（**図1**）。

　動かない鳥として有名なハシビロコウについて，特に

目を引くくちばしの独特なフォルムだけではなく，さまざまなところに不思議や面白さが詰まっている。さらなる魅力の気づきになれ
ばと願っている。一方で，本種は絶滅危惧種であり，この特異な魅力のその先に，さまざまな保全への取り組みが現地や動物園でおこなわれていることを少しでも感じてもらえれば幸いである。

ご協力いただいた執筆者の皆様はもちろん，執筆者以外にも多くの方に助けていただき，相談に乗っていただいた。特に上野動物園の松本京子氏，鳥飼香子氏，多摩動物公園の寺田光宏氏，千葉市動物公園の中村 誠氏，平田絢子氏，兵庫県立コウノトリの郷公園の松本令以氏，長崎バイオパークの伊藤雅男氏，株式会社テレビマンユニオンの粒崎真維子氏には多大なご協力を賜った。すべての方に，この場を借りて改めて感謝申し上げる。また，企画のご提案をいただいたエヌ・ティー・エス雑誌編集室の大西順雄氏に深謝する。なお，本特集の発行に際して，一部，公益財団法人東京動物園協会の野生生物保全基金助成（保全パートナー部門）を受けて，より多くの原稿を掲載できたことを付記する。

図1
**近年発行されている
ハシビロコウ本の数々**

[文 献]

1) Mullers, R.H.E. & Amar, A. Parental nesting behavior, chick growth and breeding success of shoebills (*Balaeniceps rex*) in the Bangweulu Wetlands, Zambia. *Waterbirds* **38**(**1**), 1–22 (2015).

2) BirdLife International. Species factsheet: *Balaeniceps rex*. viewed 24 June 2021 〈http://www.birdlife.org〉(2021).

3) Tomita, J. A., Killmar, L. E., Ball, R., Rottman, L. A., & Kowitz, M. Challenges and successes in the propagation of the Shoebill *Balaeniceps rex*: with detailed observations from Tampa's Lowry Park Zoo, Florida. *Int Zoo Yearb* **48**, 69–82 (2014).

4) Killmar, L.E. North America's first African shoebill stork chick hatches at Tampa's Lowry Park Zoo. *AFA Watchbird*, **37**(**3**), 21–28 (2010).

ハシビロコウの分類
——一科一種の「変わったコウノトリ」はペリカンの祖先だった!?

西海 功
Isao Nishiumi

国立科学博物館 動物研究部
研究主幹

1999年，京都大学にて博士 (理学)。1996年から国立科学博物館動物研究部研究員，2009年より現職。2010年から九州大学大学院比較社会文化研究院客員准教授。2018年より同客員教授。2010〜13年，日本鳥学会副会長，16〜17年同会長。日本とアジアの鳥類に関する集団構造や種分化，保全遺伝について の研究，DNAバーコード，日本鳥類目録の編集などに取り組む。専門分野は，分子生態学，保全遺伝学，鳥類学。主な著書に，神の鳥ライチョウの生態と保全—日本の宝を未来へつなぐ (分担執筆，緑書房，2020)，鳥の自然史 (分担執筆，北海道大学出版会，2009)，日本列島の自然史 (分担執筆，東海大学出版会，2006) ほか。

ハシビロコウは19世紀半ばに発見され，新種として記載された時，コウノトリなのかペリカンの仲間なのか記載者自身が迷った。その後サギの仲間との説を経て1930年以降コウノトリに近縁とされ，長らくコウノトリ目に分類されたが，近年は分子系統の結果からペリカン目とされる。ハシビロコウは特殊化したコウノトリやコウノトリの祖先ではなく，ペリカンの祖先と考えられる。

1 形態に基づいた分類では コウノトリの仲間?

　ハシビロコウの学名 *Balaeniceps rex* は「クジラ頭」の「王様」という意味をもつ。独特な嘴の形状と立派な体格から名づけられている。アフリカ中東部の大地溝帯湿地にのみ分布するハシビロコウは1850〜52年に大英博物館の鳥類学の大家ジョン・グールドが新種記載して以来，基本的にはハシビロコウ科の唯一の現生種として知られてきた。単形科 (monotypic family) ともよばれる，一つの科にただ1種しかいない一科一属一種の鳥は，世界の鳥1万種余りのうち現在では30種いるが，その中

**掛川花鳥園の
ハシビロコウ「ふたば」**（雌）
（撮影：佐治智子）

でもハシビロコウはツメバケイやシュモクドリ、ジャノ
メドリなどと並んでどの目に属するかさえ最近までわか
らなかった分類学上の謎鳥の中の謎鳥だったといえる。
　英名ではShoebillが一般的だが，別名Shoe-billed
Stork（靴嘴のコウノトリ）やWhale-headed Stork（クジ
ラ頭のコウノトリ）などとよばれ，中国名でも鯨頭鸛（ク
ジラ頭のコウノトリ），和名でもコウと付くように，そ
の姿はコウノトリに近いと一般に見られていることがわ
かる。ハシビロコウのように大型の足の長い鳥としては，

ツル科，サギ科，コウノトリ科がいるが，この中でもしっかりとした体つきはやはりコウノトリ科を連想させる。和名や英名はこういった見た目の印象から名づけられるが，分類は印象だけではもちろん決められない。分類学者が詳細な生物学的検討をおこなって，つまり形態学的な検討を中心に，生態や行動，近年では遺伝的系統を考慮して慎重に分類されてきた。そして今日では遺伝的系統のみが極端に重視される傾向にある。

　ジョン・グールドは1850年にロンドン動物学会に報告する際に「私が長年見た中で最も素晴らしい鳥」と述べ，「（コウノトリ科の）ハゲコウに近い」とした。しかし，グールド自身新種記載の本文には「異常なペリカン」と述べ，見解を変えている[1]。その後の19世紀の分類学者たちは，粉綿羽の発達や後趾が前趾と同じ高さにあることなどからサギ科とシュモクドリに近縁と考えた[2][3]。サギ科の中でも特にヒロハシサギは鉤状の上嘴と幅広い

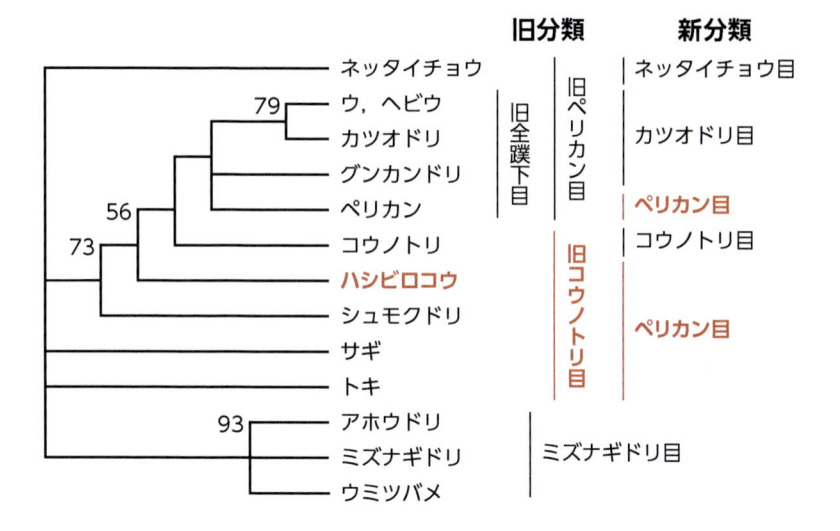

図の系統樹ラベル：

ネッタイチョウ — ネッタイチョウ目

ウ，ヘビウ
カツオドリ — カツオドリ目　79

グンカンドリ

ペリカン — ペリカン目

旧ペリカン目／旧全蹼下目

コウノトリ — コウノトリ目

ハシビロコウ

シュモクドリ — ペリカン目

サギ

トキ

旧コウノトリ目

アホウドリ　93
ミズナギドリ — ミズナギドリ目
ウミツバメ

56　73　93

嘴をもち（**図1**），ハシビロコウとの類似性が高いとみなされた[2)3)]。20世紀にはBöhmが，小さい舌や小さい後羽，鳴管筋を欠くことなどからコウノトリに近いと述べ，コウノトリ目に置かれるようになった[4)]。Cottam[5)]は閉塞型の鼻孔やかぎ状の上嘴先端，口蓋骨（こうがいこつ）の癒合部，胸骨と烏口骨（うこうこつ）との癒合，胸骨の小孔といった共通する特徴からペリカンに近縁と述べたが，この考えは多くの分類学者には受け入れられず，長らく近年までコウノトリ目に置かれ続けた。なぜならペリカンもハシビロコウも水面に近づいた大きめの魚をダイビングして捕らえるという採餌法が似ているために平行進化でこれらの形態形質が似ただけで，それらの起源は共通する祖先に由来するのではないと解釈されたからだ[6)]。後述のようにこの解釈が間違えていたことが今日では判明している。

　ハシビロコウの系統関係は，Mayr[7)]が最も詳しく，また近縁種を網羅しての検討をおこなった。54の解剖学的形質を比較して得られた系統樹を**図2**に示す。この系統樹は，旧分類でのペリカン目もコウノトリ目もどちらも**単系統**[*]ではないことを示した。しかしCracraft[6)]が

図2

解剖学的形質に基づいた系統樹

系統樹はMayr (2003) より引用。最尤法による推定で，数値はブートストラップ値を示す。ハシビロコウが属する分類を赤字で，それ以外を黒字で示した。新分類は日本鳥類目録では第7版 (2012) 以降の分類，旧分類はそれ以前の分類を示す。

用語解説

【単系統 (群)】
ある祖先から分岐した子孫全体を含むことを単系統 (性) とよび，そのグループを単系統群とよぶ。単系統群から一部の種や小系統群を除いたグループを側系統群，異なる系統の種や小系統群を組み合わせたグループを多系統群とよぶ。

提唱した全蹼下目[*]（Steganopodes）というグループはこの研究でも単系統となった。このグループの共通する特徴は、**全蹼足**[*]や鉤状の上嘴先端をもつことなどである。旧ペリカン目でありながら全蹼下目には入らないネッタイチョウは全蹼足だが鉤状上嘴はもたない。先述のとおりグールドは当初ハゲコウに近いと考えたが，その考えだとハシビロコウは特殊化したコウノトリという位置づけになる。他方，森岡[8]はハシビロコウはコウノトリ類に一番近いだろうと述べながら，嘴だけが異常に発達した原始的なコウノトリではないかと考えた。Mayr[7]の結果は森岡の考えを支持するものだったといえる。

2 分子系統ではペリカンに近縁

　分子系統解析は生物分類に大きな変革をもたらしたことは間違いないが，鳥類の分類もまた例外ではない。とはいえ，古口蓋類とよばれるダチョウの仲間が古い系統であることや世界の鳥の種の半数以上を占めるスズメ目鳥類が**単系統群**[*]で比較的近年適応放散してきたことなど，かつての形態形質による分類の正しさが確かめられたことも多い。ただハシビロコウを含むペリカン・コウノトリ類は鳥類の中でも最も大きな変革を分子系統解析によって受けたグループといえる。

　Sibley ＆ Ahlquist の**DNA交雑法**[9][*]による分類以来DNAの系統からはハシビロコウは（シュモクドリとともに）ペリカンに近縁なことが示唆されている。Sibley ＆ Monroe[10]はペリカン科の中の一つの亜科としてハシビロコウを扱った。同じ科に置くほどペリカンに近いかどうかは別として，ミトコンドリアDNAの系統でも[11][12]，核DNAの系統でも[13]，系統的にはペリカンに近いこと

用語解説

【下目】
亜目よりも下で小目よりも上に置かれる生物分類階級。分類階級のうち界，門，綱，目，科，属，種は必ず置かれるが，例えば目と科の間に置かれる亜目，下目，小目，上科は必要に応じで置くことができる。

【全蹼足】
足ひれが4本の趾の間すべてにあること，またその足。旧ペリカン目（ペリカン科，ウ科，ヘビウ科，カツオドリ科，グンカンドリ科，ネッタイチョウ科）に共通する形態的特徴。

【DNA交雑法（DNA-DNA hybridization）】
2種のDNAを1本鎖に変性した後，混ぜ合わせて雑種2本鎖DNAを作成し，その変性温度の高さによって近縁性を計測する方法。Sibley ＆ Ahlquist[9]が当時9千種余りのほぼすべての鳥類の系統関係をこの方法で調べて，Sibley ＆ Monroe[10]が新たな鳥類分類体系を提案した。

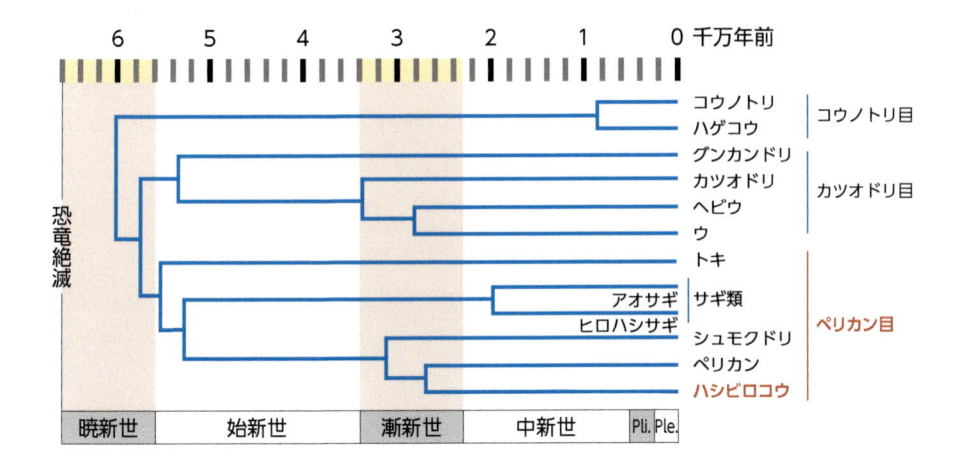

が裏づけられ，近年のゲノム研究によってそのことが確定した[14)~16)]。その結果，現在の分類は，鳥綱ペリカン目ハシビロコウ科ハシビロコウ属ハシビロコウとなっている。

　最新のゲノム研究の系統樹を推定分岐年代とともに**図3**に示す。これはPrumら[15)]が198種の259遺伝子座40万塩基対の比較により作成した系統樹の一部である。Prumら[15)]はスズメ目については一部の科が欠けているが，**非スズメ目鳥類**[*]の科はほぼ網羅している。この研究に先立ってJarvisら[17)]が1万を超える遺伝子座4千万塩基対（ゲノム全体の3.5%）の比較を鳥類40目のすべてを含む48種でおこなって鳥類の目間の大系統を分析した。ゲノムの3.5%と聞くと少なく感じるかもしれないが，鳥のゲノムの多くが系統解析に適さない反復配列であることを考慮すると，ほぼゲノム全体を比較したといってよく，今後も系統樹推定方法での検討の余地はあるとはいえ，目間の系統関係はこの研究結果を覆すようなことは考えづらい。Jarvisら[17)]はペリカン，サギ，トキ，ウのゲノムを解析したが，**図3**に示したPrumら[15)]の系統樹は分岐年代も含めてそれと一致する。またKimball

図3

ゲノム解析による系統樹と，それを基にした最新の分子系統分類（新分類）

系統樹はPrum *et al.* (2015)より引用，Kimball *et al.* (2019) を加味して一部改変。Pli.は鮮新世，Ple.は更新世。

用語解説

【非スズメ目鳥類】
現生鳥類のうちスズメ目を除く43目を便宜上指す。単系統群ではない約4,500種からなる寄せ集めのグループになる。鳥類は44の目に分けられるが，スズメ目は最もよく適応放散し繁栄しているグループで，全11,000種のうち半数を超える6,500種をスズメ目が占める。

ら[16]が**超樹法（Supertree methods）**^{*}を使って30の系統研究を統合して再解析することで，707種に種数を増やして鳥類全体の系統解析と分岐年代推定をおこなったが，図3の系統分岐関係や分岐年代はその結果とも一致した。Kuhlら[18]が，**3'-UTR**^{*}の塩基配列を分析して鳥類の全227科のうち9割を超える209科を含む429種の系統を推定した結果は，ハシビロコウがペリカンよりもシュモクドリにより近いことを示したが，それ以外は図3の系統分岐関係を支持した。つまり図3で示された系統分岐関係はかなり信頼性が高く，今後大きな変更はないと思われる。ただ，推定された分岐年代については，化石情報や大陸移動などに基づく標準年代の設定の多様化などによる修正の余地があり，誤差もまだ大きいと考えるのが良い。

　この系統樹が示すように，ハシビロコウは漸新世後期にペリカンと分岐し，その少し前の漸新世前期にシュモクドリと分岐していたこと，その3種の共通祖先は現生の鳥の中ではサギ科との分岐が5千万年前よりさらに古くにまで遡る出来事だったことが示唆された。先述した全蹼下目はペリカンを除いて単系統群を形成し新しくカツオドリ目となった。カツオドリ目の姉妹群が新しいペリカン目となり，トキ科，サギ科，シュモクドリ科，ペリカン科，ハシビロコウ科の5科から構成されることになった。ペリカン科以外は旧コウノトリ目の構成員であったが，コウノトリ科は新しいペリカン目とカツオドリ目全体の姉妹群であり，単独の科でコウノトリ目を構成することとなった。このように分子系統解析から得られた系統樹の単系統性を重視して目^{もく}などの分類群を決めていく分類方法は世界的な流行かつ標準となっており，ここでもその新分類に従う。しかしながら，分子単系統を重視するあまり，ペリカン目を特徴づける形態形質がなくなってしまったこと，つまり「ペリカン目はこんな

特徴を持った鳥だ」といえなくなったことは，ゲノム解析による最新の分子系統分類の重大な欠陥として指摘しておきたい。

③ ハシビロコウはペリカンの祖先!?

本題に戻ると，つまり，ハシビロコウは嘴だけが異常に発達した原始的なコウノトリではないかという森岡[8]の考えは分子系統解析によって完全に否定される結果と

図4
モモイロペリカンの嘴

なった。ハシビロコウはコウノトリの祖先ではなく，ペリカンの祖先であることが示唆された。もちろんハシビロコウとペリカンの共通祖先がどちらに似ていたのかはほぼ完全な化石が出てこない限り定かでないが，ペリカンが形態的に極めて特殊化していることを考えるとペリカンからハシビロコウへの進化は想像することが困難である。

ペリカンは図4のような鳥類最長の約50 cmにもなる極端に長い嘴と長い首，巨大な喉袋，さらには全蹼足と短い足，癒合した烏口骨と胸骨，大きな体といった形態的特徴をもち，10リットルを超える水が入る喉袋を漁網のように使って魚を水ごと掬い取る。カッショクペリカン類は上空からのダイビングによってカタクチイワシの群れなどに突っ込んで採餌し，モモイロペリカンなど他のペリカンは多くの場合群れで泳ぎながら魚群を追いかけて浅瀬などに追い込み，長い首を伸縮させて比較的大型の魚をくわえ捕ったり，喉袋で掬い取ったりする。このようなペリカンの特殊な形態や採餌行動は，ハシビロコウがアフリカなどの湿地で肺魚を捕食するために進化させた，豪快なダイビングによる幅広い大きな嘴をつかった捕食習性を経て進化したと想像できる。

もう一つの近縁種であるシュモクドリはハシビロコウと同様に1科1種で，サハラ以南のアフリカの湿地に分布する。図5のとおり，一見，中型のサギのようだが，首と脚は比較的短く，オタマジャクシやカエルを主に食べるほか甲殻類などもよく食べる。コサギがおこなうように水の中で足を振動させ，驚いて水草や岩陰から出てきた魚などを嘴で摘み取るような採餌法も見られる。森岡[8]はシュモクドリをコウノトリとサギの共通祖先ではないかと述べたが，むしろサギから派生して鉤状の上嘴や短い舌，閉塞型の鼻孔，胸骨の小孔などのペリカン・ハシビロコウと共有する形質を進化させたという意味で，

特殊なサギという位置づけがシュモクドリには相応しいことがわかった。

　最初に述べたとおりハシビロコウ科の現生種は1種のみだが，化石から過去に絶滅した種が少なくとも2種いたことが知られている。約3,000万年前（漸新世初期）のエジプトの地層から *Goliathia andrewsi* という現生のハシビロコウと同サイズの別属の種の跗蹠骨（ふしょこつ）が出土している[19]。もう一種は，現生よりも小型のハシビロコウがアフリカ北部のチュニジアとパキスタンの約1,000万年前（中新世）の地層から出ている[20]。これらのことからハシビロコウ科の鳥はアフリカから西アジアの湿地帯に少なくとも何種か存在したことがわかる。そして同じ地層から肺魚の化石も発見されていることから，約3,000万年前に肺魚を食べることに特化した現在に近い採餌生態を進化させたと思われる。

　ハシビロコウは非常に魅力的な鳥で，大きな嘴と愛嬌

図5
**上野動物園の
シュモクドリ**

［写真提供：（公財）東京動物園協会］

のある目つき，動かない立ち姿で動物園でも大の人気者だが，漸新世初期にアフリカから中東にかけて発達した湿地帯で，肺魚を食べることに特化したこの鳥が進化したこと，その結果として，彼らから分岐したペリカンのユーモラスな愛らしい姿もまた今日見ることができると思うと，生物進化の壮大さと素晴らしさを感じずにはいられない。

［文 献］

1) Gould, J. On a new and most remarkable form in ornithology. *Proc. Zool. Soc. London* **1851**, 1–2 (1852).

2) Parker, W. K. On the osteology of *Balaeniceps rex*. *Trans. Zool. Soc. London* **4**, 269–352 (1861).

3) Beddard, F. E. On certain points in the visceral anatomy of *Balaeniceps rex* bearing on its affinities. *Proc. Zool. Soc. London* **1888**, 284–290 (1888).

4) Böhm, M. Über den Bau des jugendlichen Schädels von *Balaeniceps rex* nebst Bemerkungen über dessen systematische Stellung und über das Gaumenskelett der Vögel. *Z. Morph. Ökol. Tiere* **17**, 677–718 (1930).

5) Cottam, P. A. The pelecaniform characters of the skeleton of the Shoebill Stork, *Balaeniceps rex*. *Bull. Brit. Mus. (Nat. Hist.) Zool.* **5**, 51–72 (1957).

6) Cracraft, J. Monophyly and phylogenetic relationships of the Pelecaniformes: a numerical cladistic analysis. *Auk* **102**, 834–853 (1985).

7) Mayr, G. The phylogenetic affinities of the shoebill (*Balaeniceps rex*). *J. Ornithol.* **144**(2), 157–175 (2003).

8) 森岡弘之, 世界のハシビロコウとシュモクドリ. どうぶつと動物園, **31**(4), 116–118 (1979).

9) Sibley, C. G & Ahlquist, J. E. Phylogeny and Classification of Birds. Yale Univ. Press, New Haven, CT (1990).

10) Sibley, C. G., & Monroe, B. L. Distribution and taxonomy of birds of the world. Yale Univ. Press, New Haven, CT (1990).

11) Hedges, S.B. & Sibley, C.G. Molecules vs. morphology in avian evolution: the case of the "pelecaniform" birds. *Proc. Natl. Acad. Sci. USA* **91**, 9861–9865 (1994).

12) Siegel-Causey, D. Phylogeny of the Pelecaniformes: Molecular Systematics of a Privative Group. in *Avian Molecular Evolution and Systematics*, (Ed. Mindell, D. P.) 159–171. Academic Press, San Diego. (1997).

13) Van Tuinen M, Butvill DB, Kirsch JA, Hedges SB. 2001. Convergence and divergence in the evolution of aquatic birds. *Proc R Soc Lond B.* **268**(1474), 1345–1350 (2001).

14) Hackett S. J., *et al.* A phylogenomic study of birds reveals their evolutionary history. *Science* **320**(5884), 1763–1768 (2008).

15) Prum R. O., *et al.* A comprehensive phylogeny of birds (Aves) using targeted next-generation DNA sequencing. *Nature* **526(7574)**, 569–573 (2015).

16) Kimball R. T., *et al.* A phylogenomic supertree of birds. *Diversity* **11(7)**,109. (2019).

17) Jarvis E.D., *et al.* Whole-genome analyses resolve early branches in the tree of life of modern birds. *Science* **346(6215)**, 1320–1331 (2014).

18) Kuhl, H., *et al.* An unbiased molecular approach using 3-UTRs resolves the avian family-level tree of life. *Mol. Biol. Evol.* **38(1)**, 108–127 (2021).

19) Rasmussen, D.T, Olson, S.L. & Simons, E.L. Fossil Birds from the Oligocene Jebel Qatrani Formation, Fayum Province, Egypt. *Smithsonian Contributions to Paleobiology* **62**, 1–20 (1987).

20) Harrison, C. J. O. & Walker, A. Fossil Birds from the Upper Miocene of Northern Pakistan. *Tertiary Res.* **4**, 53–69 (1982).

【生態】
ハシビロコウの生態
——湿地における魚食生活

川上 和人
Kazuto Kawakami

森林総合研究所
野生動物研究領域
鳥獣生態研究室長

東京大学林学科卒業。森林総合研究所鳥獣生態研究室長。農学博士。専門分野は，小笠原諸島を中心とした島嶼地域の鳥類の生態と保全に関する研究。主な著書に，無人島、研究と冒険、半分半分。(東京書籍，2023)，鳥類学は、あなたのお役に立てますか？(新潮社，2021)，鳥になるのはどんな感じ？(監訳・解説，羊土社，2021)。

ハシビロコウはアフリカの湿地に分布する大型の鳥で，広い縄張りを持ち基本的に単独行動する。ナマズやハイギョなどの大型魚類が呼吸のため水面に浮上してくるところを狙って捕食する。乾季に浮遊植物などの上に営巣し，複数の卵を産むが巣立つのは1羽である。生息地破壊や違法捕獲などにより，個体数は減少傾向にある。

　ハシビロコウは水辺で過ごす大型の鳥という点で，サギ科やトキ科，コウノトリ科の鳥たちと似たようなものだという印象を抱きやすい。しかし，ハシビロコウはサギなどのように群れになることはなく，コロニーで集団繁殖することもない。広い縄張りを持って個別に営巣し，つがいであっても2羽で一緒に過ごしている時間は短く，基本的には単独で過ごしている。そして，人間に撹乱されていない自然度の高い場所に生息しており，生息密度は低い。このため，この鳥の観察は容易ではなく，生態に関する基礎的な情報も限られている。ハシビロコウは動物園などではとても人気のある鳥だが，その自然状態での生態はまだまだ謎に包まれている。とはいえ，もちろんこの鳥についての野生下での研究もおこなわれている。ここでは，これまでにわかってきているハシビロコ

ウの生態を紹介しよう。

1 生息地

　ハシビロコウはアフリカ中東部の広く植生が豊かな湿地に生息する大型の鳥類である。この鳥は南スーダン，エチオピア，ウガンダ，ケニア，コンゴ，タンザニア，ザンビア，中央アフリカなどに分布している。彼らはパピルスや丈の高いヨシ類がよく茂った湿地を好んで利用している[1]（図1）。この鳥は湿地にいる大型の魚類を主な食物としているが，丈の高い植生のある場所は開放的

な場所に比べて魚が集まりやすく，採食場所に適している
ものと考えられる。また，このような場所ではハシビ
ロコウも自らの姿を捕食者から隠すことができる。ただ
し，あまりにも植物の密度が高い場所は，体サイズが大
きなハシビロコウにとっては行動が制限されてしまうし，
魚類の密度が逆に低くなる傾向があるため，植物が適度
に生育しているが繁茂しすぎていない場所を選んで利用
している。

　ハシビロコウは湿地にある浮遊植物の上や冠水した植
生の上で過ごしていることが多い[2]。特に浮遊植物のあ
る場所では大きな魚が捕れるようで，好んで利用する傾
向がある。ハシビロコウは長い脚を持ち，魚を捕食する

という点では，サギ科やトキ科，コウノトリ科の鳥類などと似た鳥だといえる。しかしこれらの鳥とは違い，ハシビロコウの場合は瀬の中に足を入れて歩き回りながら採食するようなことはなく，基本的には足場のあるところに立って採食している[1]。この鳥が好んで採食する湿地は，水中の酸素濃度が低い場所が多い[1]。溶存酸素が少なければ，そこに生息している魚類は呼吸のために定期的に水面に浮上してくる必要がある。ハシビロコウはこのような水面近くに出現した魚を捕食するのだ。

ハシビロコウは比較的大型の魚をよく食べるが，サイズの大きな獲物の密度はそれほど高いわけではない。この鳥が基本的に単独で生活しているのは，利用可能な食物の密度が高くないことと関係しているだろう。繁殖期であっても，雌雄が一緒に採食することはほとんどなく，離れて採食することが多く，互いに縄張りの逆側にいることもしばしばある。乾季には複数の個体が比較的近くで採食していることがある。過去には，複数の個体が近くにいるのは互いに協力し合って採食しているのではないかと考えられていたこともある。ただし最近では，乾季で水辺が減少して狭い範囲に食物となる魚が集中しているため，結果的に近くで採食しているに過ぎないと考えられている。

この鳥は留鳥性の強い鳥である。ただし，雨季や乾季に食物条件が変わったり，洪水が起こったりするような場所では，季節的な移動をおこなうこともある[1]。この鳥は飛行能力が乏しいわけではなく，時には長距離を飛行することがあり，主な分布域の外側で迷行個体が見つかることもある。普段の生活の中でも，縄張りの上空で上昇気流や熱気泡を利用し帆翔することも多い。

図2
**大型のハイギョを
採食するハシビロコウ**

(撮影：Brwynog)

2 採食行動と食性

　ハシビロコウは魚類等の水生動物を主な食物とする動物食の鳥である。魚類としては，特にハイギョやナマズ，アミメウナギ類，ティラピアなどを好んで食べることが知られている[1]。しかし，魚類以外にもヘビやカエル，オオトカゲ，小型のカメなども採食する[1]。また，稀に水鳥やワニの幼体，小型哺乳類などを捕食することもある[1]。要するに口に入るサイズで捕獲しやすいものであれば，何でも食べるということだろう（図2）。

　ザンビアの湿地での野生個体に関する研究によると，この鳥は8.3時間に1個体程度の割合で獲物を獲っており，

特に *Clarias* 属のナマズを捕食することが多かった[2]。この研究では，捕獲した獲物の約70％がナマズで，特に40〜50 cmのサイズの個体が多く，20 cm以下の小型の魚を捕る頻度は低かった。ただし，ウガンダの湿地での研究では，約60％の獲物がハイギョであった[3]。ナマズもハイギョも大型の魚であり，また似たような生活をしており，ハシビロコウはそれぞれの生息地に豊富な獲物を対象として同じ戦略で採食しているものと考えられる。サギ類などは，小型の魚をたくさん捕ることによって食物量を稼いでいるが，ハシビロコウは大型の魚を少数獲るという真逆の戦略をとっているのである。サギ類のくちばしは細く鋭い。このようなくちばしは，水中に差し入れてもあまり水面を撹乱することがなく，同じ場所で採食を続けやすい。ただし，あまりにも大きな魚を捕らえることはできないし，くちばしの幅が狭いため飲み込むのも難しい。一方でハシビロコウのくちばしは大型で，幅も広いため，大型の魚をしっかりとくわえることができるし，飲み込むこともできるのである。

　動物園のハシビロコウはじっと動かずに立ったまま過ごす鳥として有名である（図3）。この行動は野生の個体でも同様で，日中の生活の約60％は動かずに立って過ごしている。これは何もしていないわけではなく，獲物となる魚が水面近くに上がってくるのを辛抱強く待っているのだ[2]。サギ類などのいわゆる渉禽類は，歩き回って獲物を探したり，くちばしで水中を探ったり，足を動かして物陰の魚を追い出したりして，より能動的に採食をおこなう。これに対してハシビロコウは完全な待ち伏せ型の採食方法だといえる。

　動かずに立って過ごしている姿とは裏腹に，採食する瞬間の彼らは実にダイナミックである。普段は水の深いところに潜んでいるハイギョやナマズは，ある程度の時間が経つと呼吸のために水面近くに浮上してくる。水面

近くに魚が出現するのを見つけると，ハシビロコウは魚に向かって猛スピードで襲いかかる。首が長いサギ類であれば，体は動かさずに首をしならせて頭部だけを素早く突き出して捕食する。しかし，ハシビロコウは足の長さに対して首が短いため，首から上だけでなく体全体を投げ出して倒れ込むようにしながら魚を捕らえる。このような採食方法をとるため，彼らは獲物を逃した時に素早く二撃目を打ち込むことはできない。魚を捕るために水面を撹乱した後には，5〜200 m程度の距離を移動することが多い[1][2]。一度撹乱すると魚が逃げてしまいしばらくの間はそこに近づかなくなるため，他の場所に移動した方が効率良いのだろうと考えられる。このような

移動に費やす時間は，1日のうち15%程度で，そのほとんどは飛行ではなく歩行によるものだ[2]。

③ 繁殖

ハシビロコウは繁殖場所として，水深の深い湿地の近くや丈の高いヨシなどが密生している場所を選ぶ傾向が強い[1]。このような場所は，捕食者となる哺乳類などから巣を守るのに都合がよいものと考えられる。

この鳥の繁殖期は特に定まっておらず，地域によって異なっている[1]。多くの地域ではハシビロコウは乾季の間に繁殖をしていると考えられている[4]。その理由の一つは，雨季には湿地の水位が上がって冠水しやすく，巣が水没してしまうからだ[1]。また，繁殖期はそれぞれの地域における利用可能な食物量とも関係があると考えられており，ナマズやハイギョなどの利用可能な食物量が最も多くなる時期に繁殖するようである[2]。たとえばザンビアのバングウェル湿地では乾季の5月から11月に繁殖している。ただし，繁殖に関する情報はそれほど蓄積されていないというのが事実だ。

ハシビロコウは一夫一妻で繁殖する。彼らはつがい形成のため，クラッタリングをおこなったり，雌雄で向かい合って頭を上下させてお辞儀をするようなディスプレイをおこなう[1]。営巣地では上空を帆翔する姿も見られるが，これは縄張りを誇示するためのディスプレイとしての役割があると考えられている[1]。繁殖期の縄張りのサイズは $3\ km^2$ 程度であり，営巣場所は縄張りの中心近くにある[1]。また営巣場所を捕食者などから防衛する時にも，クラッタリングをおこなったり，くちばしを開けて空中に向けるようなディスプレイをおこなう（図4）。

彼らの巣は，地上や浮遊植物の上に草本の茎を使って

図4
くちばしを上に向けて
開けてディスプレイを
おこなう

（撮影：Olaf Oliviero Riemer)

編まれる。巣は適宜新たな巣材を追加して大型化し，毎年同じ巣を利用することも多い[1]。繁殖期の初期は湿地の水位が高いため，巣の基礎となる浮遊植物は水に浮いた状態である。このころは巣材が水を吸って重くなり，沈んで浸水しやすいため，適宜巣材を追加していく[4]。乾季が進むと浮遊植物は着底して安定するので，巣材の追加が不要となる。

　一度の繁殖で卵を1〜3個産む。抱卵期間は約30日で，雌雄共に抱卵をおこなう。複数の卵を産む鳥類では，最初の卵を産んだ日から抱卵を開始する場合と，すべての卵を産み終わった日から抱卵を開始する場合がある。抱卵を開始すると発生が始まるため，後者の場合はヒナの孵化日がそろうが，ハシビロコウは前者であるため発生開始日にずれが生じ，卵が生まれた順に孵化することになる。育雛は雌雄共におこない，ヒナが小さいうちは大きな魚などをちぎって給餌するが，ヒナが大きくなると魚をそのまま与える。給餌には，魚だけでなくヘビを与えることもある[4]。雛が巣立つまでには95〜105日間を要する。産卵数は複数であることが多いが，さまざまな理由により巣立ちするのは1羽だけで，2羽以上が巣立つことはほとんどない。ヒナは兄弟で孵化のタイミングが異なるため，体サイズも異なる。体の大きな先に生まれたヒナが，後で生まれた体の小さなヒナをつついたりして，兄弟殺しが生じることもあるようだ[6]。鳥類では，利用可能な食物の量が限られている場合などに兄弟殺しが生じることがあり，例としてはイヌワシやカツオドリなどが有名である。ただし兄弟殺しだけでなく，パイソンやオオトカゲなどの爬虫類が巣を捕食することで巣立ち数が減少する場合も少なくない[4]。繁殖成功度はタンザニアでの研究では54%，ザンビアでは78%だった[4,5]。

　抱卵，育雛中の問題の一つは，卵やヒナの温度が太陽光により上昇してしまうことにある。このため親鳥は水

を運んできて卵や巣にかけて冷やすことが知られている[1]。ハシビロコウのくちばしは大きく深いので，口の中に水を含んで巣に戻り水やりをするのだ。場合によっては一日に何度も水を運ぶこともある。給水は単に卵やヒナを冷やすだけでなく，ヒナがこの水を飲む場合もある。

４ 保全

　ハシビロコウの総個体数は20年ほど前には5,000〜8,000個体と推定されていた[7]。2018年の国際自然保護連合（IUCN）のレッドリストの評価では，繁殖個体数を3,300〜5,300個体と見積もっている。前者は総個体数であり，後者は繁殖に参加している個体数なので，これらの数字はほぼ同じ意味を持つと考えられる。ただし，この鳥の個体数については科学的な手法に基づいて推定されているわけではなく，この数値は不確実なものである可能性があるため[6]，指標の一つとして考えるのがよいかもしれない。この鳥は種全体として減少傾向にあると考えられており，IUCNのレッドリストではVU（危急種）に分類されている。

　鳥類の保全のためには，適切な生息地，十分な食物，そして死亡要因の排除が必要である。この鳥の場合は，集団を維持するためには十分な食物を提供してくれる広大な湿地が不可欠である。しかし，アフリカでは生息地の劣化や喪失が問題となっている。ハシビロコウの棲む環境は耕作地や牧草地に転換されており，ウシによって巣が踏み荒らされることもある[7]。乾季には漁業などのため湿地へアプローチしやすいように火入れすることもあり，繁殖に影響が生じている。また工場排水などによる汚染が心配されている[6]。死亡要因としては，本種は食用や取引のために違法に捕獲されており[4]，動物園や

コレクターに販売されている可能性があることも大きな問題となっている。ザンビアでは違法捕獲により繁殖成功率が10%程度まで落ちることもある[4]。もともと生息密度の低いハシビロコウだが，野生下ではさまざまな脅威に晒されている。

　ハシビロコウはその外見や行動から飼育に対する一定の需要があり，その点が本種の保全上の脅威の一つとなっているといえる。動物園などで人気が出て，多くの人がこの鳥に興味を持つことは教育的には好ましいことだが，その一方でその人気ゆえに集団存続上の危機が生じるということはあってはならない。この鳥の分布は複数の国にまたがっており，場所によっては国際紛争や大規模開発の影響を受けやすい。このユニークな生物が持つ進化の歴史を途絶えさせないためにも，国際的に協調して保全管理を進めていくことが期待される。

[文 献]

1) del Hoyo, J., Elliott, A. & Sargatal, J. *Handbook of the birds of the world vol 1.* (Lynx Edicions, Barcelona, 1992).

2) Mullers, R. H. & Amar, A. Shoebill *Balaeniceps rex* foraging behaviour in the Bangweulu Wetlands, Zambia. *Ostrich* **2014**, 1–6 (2014).

3) Möller, W. Beobachtungen zum Nahrungserwerb des Schuhschnabels (*Balaeniceps rex*). *J Ornithology* **123**, 19–28 (1982).

4) Mullers, R. H. E. & Amar, A. Parental nesting behavior, chick growth and breeding success of Shoebills (*Balaeniceps rex*) in the Bangweulu Wetlands, Zambia. *Waterbirds* **38**, 1–22 (2015).

5) John, J. R. M. *et al.* Observations on nesting of Shoebill *Balaeniceps rex* and Wattled Crane *Bugeranus carunculatus* in Malagarasi wetlands, western Tanzania. *African J. Ecol.* **51**, 184–187 (2012).

6) Dodman, T. *International Single Species Action Plan for the Conservation of the Shoebill* (Vol. 51) (Bonn, Germany 2013).

7) Delany, S. & Scott, D. *Waterbird population estimates* (3rd edn). (Wetlands International, Wageningen, 2002)

8) Briggs, P. Top billing: Shoebill. Africa. *Birds & Birding* **12**, 50–54 (2007).

山嵜 隆央
Takao Yamazaki

テレビマンユニオン
「世界ふしぎ発見！」ディレクター

1980年，富山県出身。現在，テレビマンユニオン「世界ふしぎ発見！」ディレクター。2005年より，テレビ番組制作に携わり，これまで50ヵ国以上で野生動物や自然遺産などを取材。

【コラム】

生息地ウガンダで 野生のハシビロコウを追う

2017年3月，テレビ番組「世界ふしぎ発見！」の取材でアフリカ，ウガンダへハシビロコウの撮影に挑むことになった撮影隊。許された撮影期間はわずか2日間。果たして無事にハシビロコウと出会い，その姿を映像に収めることができるのか。

1 はじめに

　「ハシビロコウ」という鳥が巷で密かに人気らしい。私がその名を初めて聞いたのは，テレビ番組を制作する際，最初にアイデアを出し合うブレスト会議の席だった。ネタを調べるリサーチ担当が差し出してきた一冊の鳥の図鑑。そこにはふてぶてしい顔をした一羽の鳥が写っていた。何故，このさほど可愛くもない鳥が人気なのか，イマイチ理解に苦しむ中，生態についての説明を読んでいくと，私はそこに視聴率の匂いを嗅ぎ取った。そこにはこうあった。「石のように動かない鳥」。待て，待て，そんな鳥がもしこの世にいるのなら，その動く瞬間を撮影できれば，何か物語が作れそうだ。せっかくやるなら，野生のハシビロコウがいい！　あまりに単純な動機で我々のハシビロコウ探しの旅は始まった。その撮影が，いかに困難を極めるものであるか，そのときはまだ知る由もなかったが…。

② ハシビロコウの撮影ミーティング

　テレビの番組制作は時間との戦いである。早速，wikipediaでハシビロコウと検索すると彼らが，中央アフリカ熱帯部に生息していることがわかった。えー，南スーダン，コンゴ，etc…，マズイ，外務省がその危険度から渡航をオススメしていない地域が結構ある。だが，その中で，どうやらウガンダは治安もよく，撮影許可も短期間で降りることがわかった。そこで，現地で撮影のコーディネートをしているグリーンリーフツーリストクラブの和田篤志さんに連絡をとった。和田さんはこれまで，ウガンダでハシビロコウの撮影を何度も行ってきた経験を持つ，ハシビロコウ撮影のスペシャリスト。しかし，我々はここで衝撃の事実を知る。「ところで，ハシビロコウの撮影には何日くらい当てられます？」と和田さん。「2日です」と私。「え，本気ですか？　某公共放送の〇ーウィンが来た」はハシビロコウを撮影する為に1ヶ月間滞在しましたよ。野生動物ですし，まったく出

図1

ウガンダまでの道のり

ウガンダまでの直行便がないため，カタール航空を利用しドーハを経由してウガンダへ向かった。トータルの飛行時間は片道16時間40分。

会えない日も何日もありますから，いくらなんでも2日っていうのは，出会える保証はないですね。それでもやります？」実は，我々が制作している「世界ふしぎ発見！」はさまざまなネタを1時間の番組の中で紹介しているため，ハシビロコウのためだけにすべての時間と予算をつぎ込むことはできず，このときはほかにもウガンダで野生のチンパンジーやカバなどの撮影が入っていた。果たして2日間で，無事ハシビロコウに出会い，動く瞬間を撮影できるのか。さまざまな不安を抱きつつ，我々はウガンダへ飛んだ（**図1**）。

3 ハシビロコウの生息地
──マバンバ湿原へ

東アフリカにあるウガンダは，赤道直下に位置し，その面積は本州とほぼ同じ。赤道直下と聞くと「灼熱」「砂漠」と思われるかもしれないが，ウガンダは平均海抜1,200メートルの高地にあり，一年中，夏の軽井沢のような気候で，雨量も多く，豊富な自然から「アフリカの

真珠」ともよばれている。そして，ここは，1,000種類を超える野鳥が生息する野鳥の王国でもある。ウガンダに到着した撮影隊はすぐにその底力を知る。車を走らせていると道端に見慣れない巨大な鳥を見つけた。「ホオジロカンムリヅル」だ。頭に乗せた冠のような飾りと白い頬が特徴のツルで，ウガンダの国鳥になっている。動物園でもなかなかお目にかかれない珍しい鳥が，道端を普通に歩いているのだ。気をよくした我々は，いよいよ，ハシビロコウの生息地として名高い，マバンバ湿原へと向かった。しかし，そこで，再びどん底へ突き落とされる，衝撃の事実を知ることになる。

マバンバ湿原は，アフリカで最も大きな湖であるヴィクトリア湖の北側に位置し，東京ドーム500個分の広さを持つ巨大な湿原（**図3**）。豪腕コーディネーターである和田さんは，我々が2日間しか，撮影のチャンスがないことを考慮し，強力な助っ人を用意してくれた。それが，マバンバ湿原を知り尽くす，ガイドのムガベ・ハムレット氏だ。とにかく，ハシビロコウに出会えなければ，番組内容の変更は避けられない。そんな不安の中，私は彼に聞いた。「ちなみに，この湿原には何羽くらい生息してるんですか？」すると，彼から帰ってきたのは驚きの一言だった。「そうだね…，彼らはつがいで動いてるんだけど，8組くらいかな」。マジか。たったの8組。この広大な湿原でたった8組。さらに，私を失望させたのは，この湿原の大部分がパピルスとよばれる，かつて古代エジプトで紙の素材にもなったことでも知られる，背の高い草で覆われ，見通しが悪すぎるという，鳥を探すには極めて厳しい状況であった。そんな不安を感じ取ったのか，ハムレット氏は終始，笑顔で「ノープロブレム」を連発。どこからその自信が湧いてくるのか不明だが，我々はもう，彼を信じるしかなかった。

図2
ハムレット氏とパピルス
の水路を行く

　一言に湿原でハシビロコウを探すといっても，我々の
目的はその生態を映像に記録すること。そのため，接近
戦に持ち込む必要がある。そこで，3人ほど乗れる小舟
に乗り込み，湿原へと漕ぎ出した（図2）。ハシビロコウ
と遭遇した際，彼らを驚かせないようよう，モーターは
使わず，長い竿を突き刺しながら進んでいく。すると1
時間ほど捜索しただろうか，ハムレット氏がドヤ顔で
我々に微笑んできた。なんと，早速ハシビロコウのつが
いを発見したのだ（図3）。実はハムレット氏，数日前か

図3
マバンバ湿原に現れた
ハシビロコウのつがい
（手前かがオス）

ら先乗りし，我々のためにハシビロコウの捜索をおこなっていたという。彼によれば，一度見つけてさえしまえば，1日や2日くらいでは，遠くへは移動しないのが，ハシビロコウの習性らしい。とにかく見つけてしまえばこちらのものだ。何しろ彼らは「石のように動かない鳥」なのだから。しかし，ハムレット氏は慎重に接近しないと飛び立って逃げる可能性があるとアドバイスをくれた。そこで，我々は息を潜めながら，ゆっくりとその距離を詰めていった。30メートルほどまで接近したころ，これ以上近づくと逃げるとのことで，その場でじっくりと様子を伺うことにした。彼らは，こちらに気づいているのかいないのか，わからないが，噂どおり，石のように固まったまま，まるで置物のように，そこにいる。ちなみにハムレット氏によれば，ハシビロコウはつがいにも関わらず一定の距離を保って活動する，珍しい鳥らしい。初めて見た野生のハシビロコウは頭の上までで1メートルほどだろうか，意外とデカイ。するどい目つきと巨大なくちばしが相まって，不気味な存在感を醸し出している。静かな風の音だけが聞こえるその空間で佇む風格は，湿原の主という言葉がピッタリだ。

④ 石のハシビロコウとの我慢比べ

　ひとまず，最低限の映像を収めたことにホッとした撮影隊だったが，問題はここからだ。果たして本当に彼らは動かないのか？　動くとすれば，それは一体いつなのか？　そして，この撮影の難しさに，このとき私は初めて気づいた。これまで，番組ではアフリカのサバンナやアマゾンの熱帯雨林でさまざまな野生動物を撮影してきた。通常，生き物の撮影は動いている動物を一緒に移動しながら狙う。生き物の躍動感は動くときに伝わるから

だ。しかし，今回は違う。動かない動物が動くのを待つのだ。つまり，動くまでカメラを回し続け，いつくるかもわからないそのときを，ただ，待ち続けなければならない。いってみれば，ハシビロコウと我々の我慢比べなのだ。最初は彼らを発見したことに歓喜していたスタッフだったが，10分もすると，不穏な空気が流れ始めた。それは「このまま，もし動かなかったらどうする？」という懸念だった。しばらく悶々としていると，意外なことが起きた。オスのハシビロコウが，首を動かしたのだ。「おー」小舟の上で静かに上がる歓声。いやいや，動物界広しといえど，首を動かしただけで，期待感を抱かせる生き物はハシビロコウを除いて私は知らない。だが，動いたのはその一瞬で，後は水面を凝視したままま，再び石のように固まってしまった。その後30分ほど経過しただろうか，しびれを切らしたスタッフの一人が，ハムレット氏にあのオスは何をしているか聞いた。すると彼はこう答えた。「狙っていますよ，魚を。彼は今，狩りの真っ最中です」。ハムレット氏によれば，動かないのは気配を消すためで，目の前に魚が来るのを待っているという。実はここマバンバ湿原にはハシビロコウの大好物である，大型のハイギョが生息している。ハイギョはその名のとおり酸素の取り込みの大半をエラではなく肺に依存しているため，数時間に一度，息継ぎのために水面に上がってくる。ハシビロコウはその瞬間をひたすら待っているというのだ。我慢比べをしていたのは我々だけではなかった。ハシビロコウもハイギョと我慢比べをしていたのだ。それを聞いた瞬間から，撮影隊とハシビロコウ，そしてハイギョという，三つ巴の我慢比べが始まった。いつ終わるともわからないその戦いの中で，およそ2時間が経過したとき，ついにその瞬間が訪れた。オスのハシビロコウが羽を羽ばたかせると，勢いよく水面にくちばしを突っ込んだのだ。撮影隊の誰もが息を飲

んだ。だが，オスはハイギョを捕まえることに失敗した（図4）。すると，ハシビロコウが急にせわしなく動きながら，何度も水面にくちばしを突っ込んでいる。じっと待って獲物をとらえるセオリーを完全に無視している。もはや，やけくそにしか見えなかった。狩りに失敗し，完全に意気消沈するオスのハシビロコウ。撮影隊も意気消沈したのはいうまでもない。だが次の瞬間，目を疑う出来事が起きた。それまで沈黙を決め込んでいた後ろのメスが一撃でハイギョを捉えたのだ。メスはオスに魚を分ける素振りもなく，一気にハイギョを丸呑みにした。そしてそれを確認したオスは，いじけてしまったのか，メスを置いてどこかへ飛び立ってしまった。

　これが，我々がウガンダで目撃した，野生のハシビロコウのすべてである。期待と不安が入り交じる取材だったが，ドジなオスとしっかり者のメスのおかげで，ちょっと笑える物語が完成した。今ごろ，あのハシビロコウ夫婦は仲良くやっているかな？　テレビや雑誌でハシビロコウを目にするたびに，私はあのとき，狩りに失敗したオスの慌てた顔を思い出す。

図4
**オスが狩りに失敗した
直後の表情**

川上 和人
Kazuto Kawakami

森林総合研究所
野生動物研究領域
鳥獣生態研究室長

東京大学林学科卒業。森林総合研究所鳥獣生態研究室長。農学博士。専門分野は、小笠原諸島を中心とした島嶼地域の鳥類の生態と保全に関する研究。主な著書に、無人島、研究と冒険、半分半分。（東京書籍, 2023），鳥類学は、あなたのお役に立てますか？（新潮社, 2021），鳥になるのはどんな感じ？（監訳・解説，羊土社, 2021）。

ハシビロコウの形態
——大きなくちばしと長い脚の役割

ハシビロコウは，大きなくちばしを含む大きな頭部，長い脚に対して相対的に短い首，長い脚と長い趾といった形態的な特徴を持つ。これらは，湿地で大型の魚類を採食し，浮遊植物上で生活するという生態と関係するものだ。また，内部形態では胸骨と叉骨が癒合して頑健な体幹を持つという特徴がある。

ハシビロコウはハシビロコウ科に分類される唯一の種である。この鳥の分類はこれまで何度も変更されてきた。最近は近縁なシュモクドリとともに，ペリカン目に含まれると考えられている。ただし，形態的にはそれほどペリカン目と似ているわけではない。この鳥が極めてユニークな形態を持つことについて異論のある人はいないだろう。水辺に棲む鳥で，一見コウノトリ科やトキ科，サギ科などと似た形態を持つようにも見えるが，外部形態，内部形態ともに，独自の特徴を備えている。特にその大きなくちばしはこの鳥の独特さを際立たせている。ここでは，ハシビロコウの形態的特徴と，形態と行動の関係について紹介しよう。

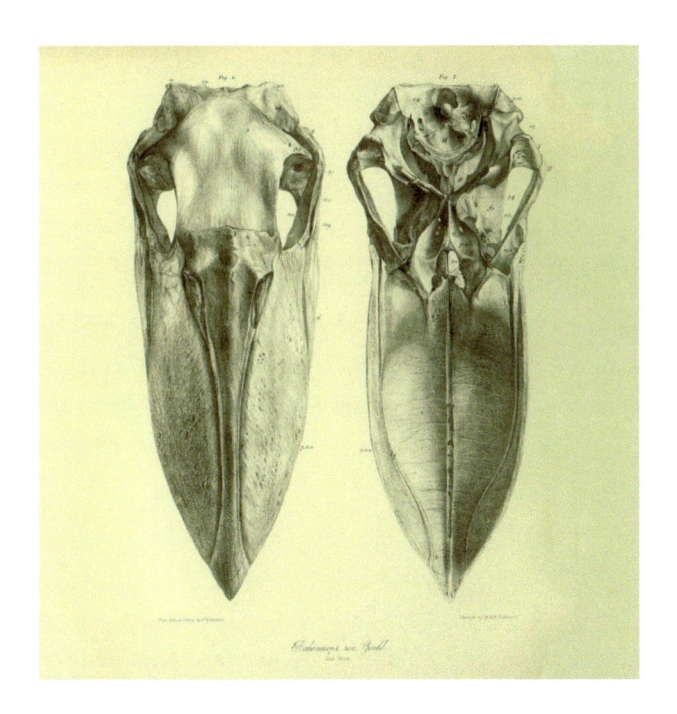

ハシビロコウの頭蓋骨
[Parker (1860) より転載[5]]

1 くちばしと頭部

　ハシビロコウは長い脚と首を持つ大形の鳥で，立った
時の高さは120 cm以上になる[1]。基本的に雌雄ともに
似た外見をしているが，雄の方が若干大型になる傾向が
ある。この鳥の外見を特徴づけているのは，なによりも
まずそのユニークなくちばしである。彼らは体に比して
アンバランスに見える大きな頭とくちばしを持つ。嘴の
長さは18〜24 cmもある。長いだけでなく幅が広く高
さもあることが，見た目の圧倒的な巨大感を醸成してい
る。この鳥の英名はShoebillというが，これは大きなく
ちばしが木靴のような形をしているためだ[2]。また属名
*Balaeniceps*はクジラの頭を意味しており，これも大きな
くちばしを形容したものである。このくちばしの形態は，
彼らの採食生態と深く関わっていると考えられる。彼ら
のくちばしは黄色からピンク色を帯びており，黒色の斑

があり，その色彩と模様は個体によって異なっている。

　くちばしの先端は鉤爪のようになっており，これはペリカンにも共通する特徴である。この鉤はナマズのように滑りやすい魚を確実に捕まえるために役立っているものだ。鉤型のくちばしというと，タカ類やハヤブサ類など猛禽類のものが代表的だが，猛禽類は基本的に足で獲物を捕らえ，くちばしで捕まえるわけではない。猛禽類の鉤型のくちばしは獲物を切り裂くナイフの役割をするもので，ハシビロコウの鉤型とは異なる機能を持つといえる。この点で，ハシビロコウの鉤型のくちばしは，ミズナギドリ類やウ類のものと同じ機能を持つといえる。くちばしの周縁部は鋭く切り立っており，これも大きな魚を力強く押さえ込むのに役に立つ構造となっている[1]。ハシビロコウは体長40 cmにも及ぶハイギョやナマズを頻繁に採食している[3]。他の鳥類と同じように，この鳥も魚を丸呑みにするため，幅が広く大きなくちばしが必要である。また，重たい魚をくわえこんで支えるためには，簡単には折れない頑丈さも必要である。採食対象にあわせて，ハシビロコウのくちばしはこの特異的なサイズを持つよう進化したものと考えられる。

　この鳥はこの大きなくちばしを採食だけでなく水の運搬にも利用している。熱帯の乾季に繁殖するハシビロコウにとっては，卵やヒナの温度を下げることは繁殖成功を高めるために必須の条件だ。このため彼らは一日に何度も水を口に含んで巣を訪れ，卵やヒナに水をかけて冷却する。

　一般の鳥のくちばしには鼻孔が空いているが，この鳥のくちばしには開放的な鼻孔が見当たらない。よく見ると，くちばしの基部近くの目の前方に細いスリットがある（図1）。このスリット部分が彼らの鼻孔であり，嗅覚はあまり強くないと考えられる。この鳥の目は正面に向いているため広い両眼視野を持っており，主に視覚に頼って採食している[2]。捕食の時にはくちばしを勢いよ

く水中に投げ入れることになる。開放的な鼻孔を持っているとここから水が入りやすい。この鳥の鼻孔がスリット状なのは，この採食方法に適しているといえる。カツオドリ科やウ科の種でも鼻孔が消失しているが，これらの鳥も水中での採食に適応してこの形質を獲得したものと考えられている[2]。大きなくちばしは，採食時の衝撃を和らげる衝撃吸収剤としての役割も果たしている[1]。頭部の大きさは，この大きなくちばしを支えるために必要なサイズと考えられる。

図1
**くちばしの基部近くに
スリット状の鼻腔が
見られる**

2 翼と脚

　ハシビロコウは幅が広く十分に長い翼を持っている。この鳥は採食時などにじっと動かずに静止している印象

図2
羽衣は全体が灰色だが，
風切羽は黒灰色となって
いる

が強いため，空を飛ぶイメージはあまりないかもしれない。しかし，この翼は十分な飛行能力を持つ鳥であることを示している。幅が広く先端に丸みのある翼は，素早く飛ぶよりもゆっくりと羽ばたいたり帆翔したりするのに適している。実際この鳥は熱気泡などを利用してしばしば縄張りの上空を帆翔する[1]。

　ハシビロコウの羽衣は全体に灰色だが，翼を広げると風切羽のみが黒色になっている（図2）。このように，風切羽のみが黒い例はコウノトリ科やカツオドリ科などさまざまな鳥で確認される。羽毛の黒色はメラニン色素によって形作られている。一般に羽毛の内部にメラニン色素が存在すると，その分だけ羽毛の構造が強化されてすり切れにくくなることが知られている。風切羽は揚力と推進力を得るために最も重要な飛行器官である。ハシビロコウが生息する地域は，特に乾季には日射が強く紫外線の影響を受けやすい。また，彼らが生活している高茎草本

が生い茂った環境は，日常的に羽毛が植生に接触しやすい場所であるため，羽毛がすり切れやすい可能性がある。この鳥の風切羽が黒いのは，このような環境の中で翼の機能を損なわないために役立っていると考えられる。

　ハシビロコウは主に水面よりも上にひかえて待ち伏せ型の採食をするが，時には水中に脚を入れて採食することもある。一般に脚の長い鳥は水中を歩いて採食しやすいと考えられているが，ハシビロコウでも同様の役割を持っていると考えられる。また，この鳥が生活する場所は高茎草本が生い茂った障害物の多い場所である。このような場所ではたとえ水中に入らなくとも，脚が長い方が歩きやすいと考えられる。

　この鳥は足に非常に長い趾を持っている。後ろ向きについた第1趾が十分な長さを持つとともに，最も長い第3趾は18 cmもある（図2）。鳥類の第1趾が他の趾と対向しているのは，樹上で生活するようになった鳥が枝をつかむのに適応したためと考えられている。実際，樹上利用をしない鳥では第1趾が消失傾向にあり，ツルやカモ，カモメなどでは第1趾が小型化または痕跡的になっている。ハシビロコウは地上での生活が主だが，木の上にとまることもあり，この行動は第1趾の形態と合致している。

　ハシビロコウの趾が長いことは，彼らが生活している生息地の環境と関係があると考えられる。この鳥が利用している湿地周辺は，平らで歩きやすい場所ではなく，多くの草本が折り重なった不安定な環境である。このような場所では長い趾によって足が接地する範囲を拡大した方がよい。サギ科のサンカノゴイは倒れたヨシの折り重なるヨシ原で生活しているが，やはりこの鳥も他のサギ類に比べて趾が長いことが知られている[2]。

　伝統的なペリカン目の鳥は第1趾から第4指までのすべての趾の間に水かきのある全蹼足であることが特徴と

されてきた。現在のペリカン目ではペリカン科以外では
この形質は共有されておらず，ハシビロコウでも足に水
かきはない。水面を泳いだりしない鳥であっても，水辺
に棲む鳥では，ぬかるみでも足が沈み込まないよう趾の
付け根の間に小さな水かきのある半蹼足になっている場
合がよくある。しかし，ハシビロコウが歩く水辺は植生
のある場所が多いためか，このような半蹼足にもなって
いない。

3 内部形態

鳥は軟部組織を取り除いて骨格にすると，全身を覆う
羽毛による見かけのサイズに惑わされることなく体のバ
ランスを見ることができる。ハシビロコウの骨格図を見
ると，頭の大きさや脚の長さに対して，胴体の部分が非
常にコンパクトなことがわかる（図3）。もちろん外見的に

図3
ハシビロコウの骨格図
[Parker（1860）より転載 5)]

も頭部の大きさはよく認識されているが，それでもなお
その印象は実際のバランスに比べて過小評価だといえる。

　骨格図からは，首の長さと胴体の長さが同じぐらいで
あることがわかる。サギ科では胴体の長さに対して首が
はるかに長く，ときには2倍にもなることを考えると，
この鳥の首は決して長いとはいえない。また，ハシビロ
コウの頸椎は重たい頭部を支えるため太く短いことも，
首の短さを印象づける原因の一つとなっている。

　一般に，鳥の首の長さは脚の長さと相関がある[4]。脚
が長い場合には，相応に首が長くなければ地上にくちば
しが届かないためである。しかし，ハシビロコウの場合
は脚が非常に長いにもかかわらず，その関係が成り立っ
ていない。この鳥の大きなくちばしと頭部を支えるため
には，太く短い丈夫な首が必要だったのかもしれない。
このボディプランは，彼らの採食方法に大きく影響を及
ぼしている。サギ類はしなやかで長い首を使って，体を
動かさずに頭部のみを素早く突き出して魚を獲るが，ハ
シビロコウは全身で倒れ込むようにしてくちばしを水中
の魚に繰り出す。これは長い首を持たないがゆえの戦術
といえる。

　飛行時のハシビロコウは，ツル科のように首を伸ばし
て飛ぶのではなく，サギ科やペリカン科，アフリカハゲ
コウのように首を曲げて飛ぶ。これは頭部のサイズが大
きいことと関係があると考えられている[2]。彼らの頭部
は体サイズに比して大きく重いため，首を伸ばして飛ぶ
と重心が前方に移動する。しかし，効率よく飛行するた
めには，飛行のための器官である翼の付け根周辺に重心
が位置することが望ましい。同じく首を曲げて飛ぶペリ
カン科，アフリカハゲコウなどは，やはり頭部が大きな
鳥である。また，サギ科も首を曲げて飛ぶ鳥の代表だが，
彼らは長い首に対して胴体が小さく，体重に対して頭部
が占める割合が相対的に大きいといえる。

ハシビロコウの顔を正面から見ると，にらみが利いていて若干恐ろしい表情に見える。これは，この鳥の目の上の眉の部分がひさしのようにせり出しているためだ。このように目の上がせり出している種としては，タカ類がある。タカ類の頭蓋骨では，眼窩の上部に骨が張り出してひさし状になっている。ハシビロコウの場合は，眼窩の上部が若干張り出しているものの，ひさし状の骨格があるわけではない。このためハシビロコウの目の上の膨らみは，骨格の上にさらに羽毛が密生することで形成されたものだといえる。このひさしの正確な機能は不明だが，明るい開放地で日光が直接目に入るのを防ぎ，採食の際により明瞭な視覚を確保しているのかもしれない。

鳥の胸骨には竜骨突起という板状の突起が前方に向かって垂直に突き出している。この部位があることにより飛翔筋である胸筋の付着部が増加し，より大きな胸筋を維持することが可能となる。ダチョウなどの平胸類を除くすべての現生鳥類の胸骨にはこの竜骨突起がある。ハシビロコウの胸骨にも高い竜骨突起があるが，胸骨自体はそれほど大きくない。これはあまり羽ばたかずに帆翔する生活に適した形態といえる。

鳥の胸骨の前端部分には叉骨が関節している。叉骨は哺乳類にもある左右の鎖骨が癒合して音叉状の形になったものだ。叉骨は胸骨から肩に伸び，肩の関節部分で烏口骨を介して上腕骨につながる。叉骨は飛行する時に翼の上下の動きに合わせて弾力的に開閉し，はばたきや飛行時の呼吸を補助する効果がある。鳥類にはオオハシのように左右の鎖骨が癒合していない種もいるが，その場合は飛翔力が弱い傾向がある[2]。ハシビロコウの叉骨は左右の鎖骨が十分に癒合しているだけでなく，叉骨と竜骨突起が強固に癒合して肩帯の強度を増している（図4）。これは，力強く羽ばたく時に有利な構造で，ペリカン科やグンカンドリ科など幅広く大きな翼を持つ種と共通し

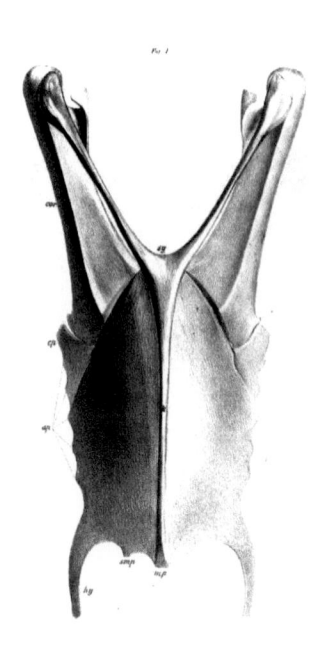

図4

**胸骨と叉骨が癒合した
ハシビロコウの骨格**

[Parker（1860）より転載[5]]

ている特徴である。

　以上のようにハシビロコウは独特の形態を持っている
が，それぞれの形質は彼らの生態と強く関係している。
ついつい形態の，とくにくちばしの特殊性に目を奪われ
てしまうが，ハシビロコウの生活を考える上で欠かせな
い要素だと思って見直してもらえれば，その特殊さが妥
当なものだと理解できるだろう。

［文 献］

1）del Hoyo, J., Elliott, A. & Sargatal, J. *Handbook of the birds of the world vol 1.* (Lynx Edicions, Barcelona, 1992).

2）van Grouw, K., *The unfeathered bird.* (Princeton University Press, Princeton, 2013).

3）Mullers, R. H. & Amar, A. Shoebill *Balaeniceps rex* foraging behaviour in the Bangweulu Wetlands, Zambia. *Ostrich* **2014**, 1–6 (2014).

4）Böhmer, C. *et al.* Correlated evolution of neck length and leg length in birds. *R. Soc. open sci.* **6**, 181588 (2019).

5）Parker, W. K. *On the osteology of Balaeniceps rex* (*Gould*). *Proc. Zool. Soc.* **6**, 269–351 (1860).

【性判別】

鳥類におけるさまざまな性判別法とハシビロコウのDNAによる性判別

吉田 智紀
Tomoki Yoshida

岐阜大学大学院 連合農学研究科 博士後期課程

弘前大学農学生命科学部生物学科卒業，岐阜大学大学院自然科学技術研究科（修士課程）を修了し，現在，同大学院連合農学研究科に在籍。専門分野は動物保全繁殖学。

楠田 哲士
Satoshi Kusuda

岐阜大学 応用生物科学部 教授／東京動物園協会 保全パートナー

日本大学生物資源科学部卒業，岐阜大学大学院連合農学研究科修了。多摩動物公園臨時職員，日本学術振興会特別研究員，2008年から岐阜大学応用生物科学部。専門分野は，動物保全繁殖学，動物園学。日本動物園水族館協会生物多様性委員会 外部委員，日本野生動物医学会 理事，動物園水族館繁殖研究アライアンス 代表，岐阜大学 応用動物科学コース 動物園生物学研究センター長。主な著書に，神の鳥ライチョウの生態と保全（編著，緑書房，2020），動物園学入門（分担執筆，朝倉書店，2014）。

ハシビロコウをはじめとする現存の鳥種の半数以上は外観の性差がない性的単一形である。飼育下繁殖を目指す上では雌雄の判別は必須である。鳥類の性判別法として，各部の形態的な僅差を調べる方法，染色体の構成に基づく核型解析法，性染色体上のDNAの特異配列を増幅して分析するPCR法など，飼育現場と実験室とでさまざまな判別法の開発が進められてきた。鳥類におけるいろいろな性判別法とハシビロコウでのPCR法による性判別について紹介する。

1 鳥類の性差

現存する鳥種の半数以上は外観の性差がない性的単一形であり，性的二形の種であっても幼鳥時には外観に性差がないため，雌雄判別が困難である場合が多い[1]。たとえば，インコ類のほとんどの種は性的単一形であり，同性同士でもペアを形成する。その結びつきは強く，一度ペアを形成すると引き離すことが困難なこともある。

そのため，繁殖を目指す際には幼鳥時での雌雄判別が重要な場合がある。

　性的単一形といわれている鳥種であっても，外部形態の一部にわずかな違いがあることが報告されている。たとえば，ニホンコウノトリでは全頭長（後頭部から嘴の先端までの長さ）が，32.6 cmより大きければ雄，小さければ雌であることが報告されている[2]。フンボルトペンギンでは嘴の長さ，足のサイズおよび頭幅が，雌よりも雄の方が大きい値を示すことが[3]，またスミレコンゴウインコでは嘴の幅が雄よりも雌の方が広く，下嘴の末端が雄はV字状で，雌はU字状であることが報告されている[4]。このような形態的な性判別法は非常に簡便であり現場で有用な方法であるが，違いが明らかにされている性的単一形の鳥種は限られる。

　ハシビロコウも性的単一形であるものの（図1），頭部の嘴サイズやバランスに雌雄差があるともいわれているが，明確な数値的基準は報告されていない（冒頭Photo Galleryページの飼育個体の写真も参照）。こうした希少鳥類の繁殖を飼育下で目指す上で，まず各個体の性別を明らかにしておかなければならない。では，この性別はどのようにして決定されているのだろうか？

山本 彩織
Saori Yamamoto

元・岐阜大学大学院 連合農学研究科 博士後期課程

近畿大学生物理工学部遺伝子工学科卒業，岐阜大学大学院応用生物科学研究科（修士課程），同大学院連合農学研究科（博士後期課程）修了。専門分野は動物繁殖生理学。現在，日鉄テクノロジー株式会社 関西事業所 試験部に所属。

小川 裕子
Hiroko Ogawa

公益財団法人 東京動物園協会 恩賜上野動物園

明治大学農学部農学科卒業。1996年東京都に入都。多摩動物公園，恩賜上野動物園，建設局公園緑地部を経て，2020年より現職である恩賜上野動物園教育普及課子供動物園係に勤務。その間2003年から2014年にかけて恩賜上野動物園と多摩動物公園飼育展示課野生物保全センターにてPCR法を用いた鳥類の性判別等の業務に従事。

図1
ハシビロコウの雌雄の外観

左：雄，ボンゴ，
右：雌，マリンバ

（共に神戸どうぶつ王国の個体，写真提供：鈴木詩織）

079

2 鳥類の性判別法のいろいろ

　先述のような形態的特徴のわずかな性差は，連続した差である場合が多いことや，中には雄のようなサイズの雌，雌のようなサイズの雄もいるため，確実に区別することが難しい。そこで，鳥類では，これまでにさまざまな性判別法が検討されてきた。体に小さく穴を開け，耳鏡や内視鏡を腹腔内に刺し入れて生殖腺を直接観察する検査法，総排泄腔の近くにある突起を観察する総排泄腔検査法，個体から採集した細胞の染色体の構成をもとにする核型解析法，超音波診断装置を使って経腹部の超音波画像から観察する検査法，性染色体の大きさの違いを利用し，細胞中のDNA量の測定により雌雄を区別するフローサイトメトリー法，雌性染色体上の特異的な配列を認識するフィンガープリント法およびドットプロット法，性染色体上の特異配列を増幅し分析するPolymerase Chain Reaction（PCR）法などがある。また，行動の観察や糞中の性ステロイドホルモン濃度の測定による方法もある。

　生殖腺の直接観察法は，即時に確実に雌雄を判定できる。しかし，捕獲や麻酔，切開を伴うため侵襲性が高く，また幼鳥では卵巣と精巣の区別が困難な場合がある。総排泄腔検査法は，雌雄の違いを見分けるのに熟練した技術を必要とし，超音波検査法は，鳥種の気嚢の位置と超音波画像範囲によって雌雄の判別が困難な場合があるらしい。また，総排泄腔検査法や超音波検査法も保定を必要とするため侵襲性が低くはない。侵襲性があることは欠点ばかりではない。検査者の技術が高く，個体の条件を考慮すれば，1回の検査で確実な判定結果になる場合がある。

　核型解析法，フローサイトメトリー法，フィンガープリント法やドットプロット法などの実験室での分析手法

も，さまざまなものが開発されてきた。しかし，フローサイトメトリー法は，性染色体の大きさの差が明確でなければ判別できないため，性染色体の分化が進んでいない走鳥類では信頼度が低い。このように，種によっては実用に適さない方法もあるため，分析手法の選択が重要である。また，これらの方法の分析材料としては，血液が必要であるため，採血を伴う。

DNAを用いたPCR法では，少量の血液や羽を引き抜いた際の羽軸に付着した細胞を用いる。これらも採血や羽を抜く必要があるが，その他の方法に比べれば，微量の血液や羽軸で分析できることは利点である。PCR法は，実験操作的には比較的簡易なほうで，多くの鳥種に汎用性があることから，現在の性判別法の主流となっている。ただし，DNAのコンタミネーションにより誤診を招くため，採材時の慎重さが求められる。PCR法は2000年代から日本でも商業ベースで安価な方法として急速に普及している。

行動の観察による方法は，侵襲性はないが，インコ類などでは，同性ペアで営巣行動が見られたり，雌－雌ペアで抱卵行動をおこなったりすることがあり，注意が必要である。排泄糞を用いた性ステロイドホルモン濃度の測定による方法も侵襲性はないが，エストラジオールやテストステロンなどは性特異的なホルモンではないことや，また性成熟に達していない個体や非繁殖期では信頼性は低いと考えられる。行動や糞中ホルモン濃度は個体差も大きいため，鳥種や個体ごとに多くのデータを集積して判定する必要がある。

いずれの方法も，先達が多くの苦労の中で見いだしてきた手法であり，今は私たちが各手法の利点と欠点を考えながら選択できる時代にある。今やPCR法が主流ではあるものの，コンタミネーションによる誤診は完全には避けられないため，複数の方法で見極めることが重要

である。たとえば，雌雄の各部計測値の基準が明らかにされている種では，もし捕獲や保定が可能であれば，それを併用することで，より確実な判断につながるだろう。各種の雌雄の形態的僅差を明らかにしていく研究は今も重要な視点である。

3 DNAを用いたPCR法による性判別

ハシビロコウでも使われている現在主流となっているPCR法について，少し詳しく紹介する。

動物は細胞の集合体である。細胞の中には核とよばれる細胞小器官があり，核の中には染色体が存在する（図2）。染色体は常染色体と1対（2本）の性染色体からなり，哺乳類や鳥類では性染色体によって性別が決定される。ハシビロコウは，$2n = 72$である[5]。哺乳類の性染色体にはX染色体とY染色体の2種類があり，雌ではX染色体を2本持つホモ型（XX）で，雄ではX染色体とY染色体を1本ずつ持つヘテロ型（XY）である。一方，鳥類の性染色体はZ染色体とW染色体であり，雌がヘテロ型（ZW），雄がホモ型（ZZ）である。染色体の中には非常に長いDNAがしまいこまれている。DNAは糖，リン酸と塩基からなり，さまざまな遺伝子の継承と発現をおこなっている。糖とリン酸はらせん構造をした2本の「骨格」を形成し，各々の「骨格」の内側にはアデニン（A），チミン（T），グアニン（G）またはシトシン（C）の4種類の塩基が結合する（図2）。AとT，GとCは対応して並び，これらの塩基の並びを塩基配列とよぶ。三つの連続した塩基は一つのアミノ酸を指定する暗号となり，鎖状に並んだアミノ酸からタンパク質が形成される。Y染色体のDNAにはSRY（Sex-determining region Y）とよばれる遺伝子が存在し，この遺伝子が雄性の決定に関与

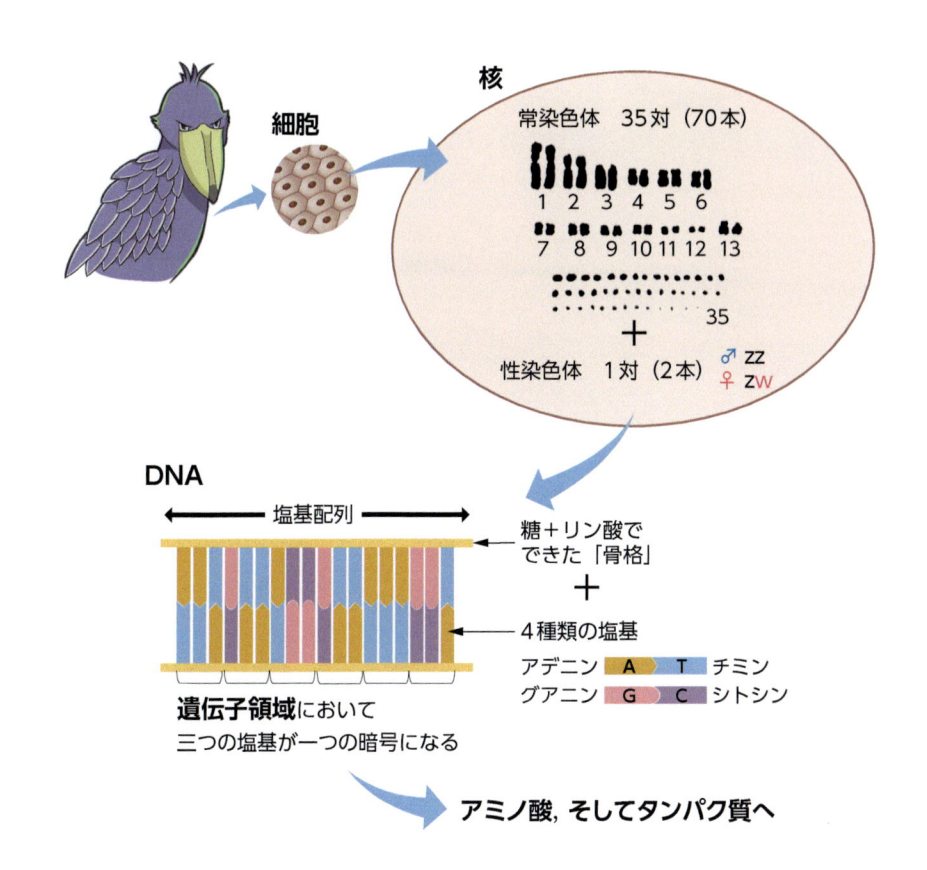

核

常染色体　35対（70本）

1 2 3 4 5 6
7 8 9 10 11 12 13

35

性染色体　1対（2本）　♂ ZZ　♀ ZW

細胞

DNA

塩基配列

糖＋リン酸で
できた「骨格」
＋
4種類の塩基

アデニン　A　T　チミン
グアニン　G　C　シトシン

遺伝子領域において
三つの塩基が一つの暗号になる

アミノ酸, そしてタンパク質へ

図2
染色体, DNA, 遺伝子の
関係図

（ハシビロコウのイラスト：
鈴木詩織）

することが報告されている。そのため，哺乳類では
SRY遺伝子の有無で雌雄を判別することができる。し
かし，鳥類ではSRY遺伝子のように性決定に関与する
遺伝子は明らかにされていない。そこで重要なのが，Z
染色体とW染色体の違いを把握し，W染色体を識別す
ることである。1997年，鳥類の8目に及ぶ種でEE0.6
とよばれる約600 bp（塩基対）の配列が雌で特異的に見
られ，この配列の有無によって雌雄を判別できることが
明らかにされた[6]。また，ヘリカーゼをコードする
CHD（Chromodomain helicase DNA binding protein）
遺伝子は，鳥類のZ染色体（CHD-Z）およびW染色体
（CHD-W）のどちらにも存在する。しかし，CHD-Zに

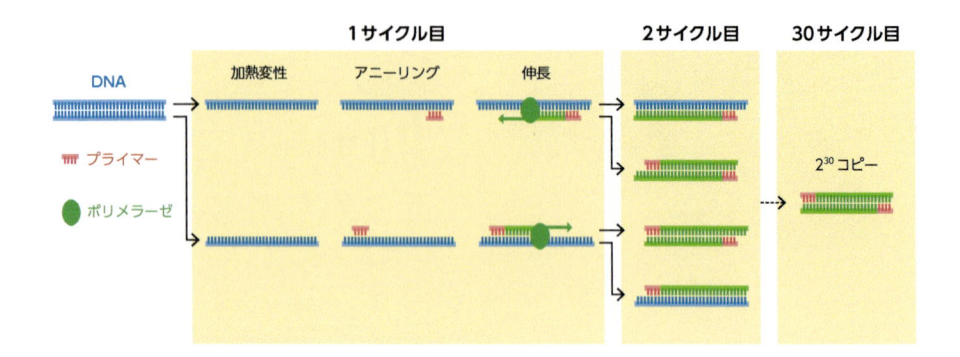

1サイクル目　加熱変性　アニーリング　伸長　　**2サイクル目**　**30サイクル目**

DNA

プライマー

ポリメラーゼ

2^{30} コピー

図3
Polymerase Chain Reaction (PCR) **法の原理**

加熱変性 (denaturation)：約94℃で熱すると，DNAにおける対応したAとT，GとCの間の結合がほどける。これによって2本のらせん構造が緩み，1本鎖DNAとなる。

アニーリング (annealing)：DNAが1本鎖になった後，約50℃まで急速冷却を行うと，プライマーはその塩基配列と対応する1本鎖DNAに結合する。プライマーを，増幅する目的配列の開始と終了の両方に設計する。

伸長 (extention)：プライマーが1本鎖DNAに結合した後，72℃程度まで再加熱するとDNAポリメラーゼがプライマーを起点にDNAを相補的に合成する。

はCHD-Wとは異なるいくつかの点突然変異や長さの異なるイントロンを持つ[7]。これらの違いをPCRの活用によって判別している。

　PCRは，ノーベル化学賞を受賞したKary Mullisが1983年に開発した技術である。DNA，プライマー（20塩基程度の1本鎖配列）とDNAポリメラーゼ（プライマーを起点に相補的なDNAを合成する酵素）を混ぜた溶液を作り，図3に示す三つの工程を30～40回ほど繰り返す。これによって，DNA上の目的配列を特異的に増幅することができる。その後，溶液を電気泳動とよばれる装置を用いることで塩基配列のサイズによって分離し，目的配列の増幅状況を確認する。

4 PCR法によるハシビロコウの性判別

　ハシビロコウでは，羽（図4）または血液から抽出したDNAを用いてPCR法により性別が判断されている（図5）。

　ハシビロコウでは，AWS03/USP3とCPE15F/CPE15Rのプライマーを利用することで判別が可能である[8]。これらのプライマーはニワトリの塩基配列をも

とに開発され[6)8)]，AWS03/USP3プライマーはW染色体上のEE0.6の部分配列を，CPE15F/CPE15Rプライマーは雌雄共通の配列をPCRによって増幅する。この2セットのプライマーによって増幅されたDNA断片は，それぞれ塩基配列のサイズが異なる。そのため，電気泳動をおこなうことで，たとえばハシビロコウに比較的近

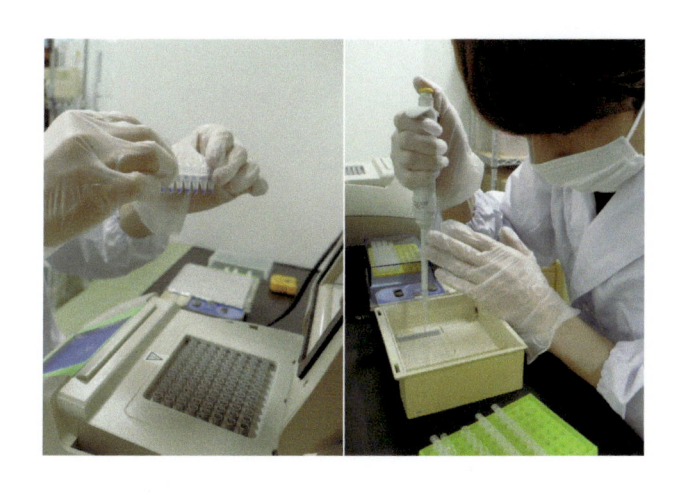

縁とされるペリカン類のモモイロペリカンでは，雄で1本（約250 bp），雌で2本（約250 bpと約190 bp）のバンドから判別が可能であると報告されている[8]。これらのプライマーをハシビロコウに適用すると，モモイロペリカンと同様に，雄では1本（約250 bp），雌では2本（約250 bpと約190 bp）のバンドが見られる［図6(a)］。さらに，コシベニペリカンでは，2550F/2718Rプライマーを用いて性判別が可能であるとされている[9]。このプライマーはCHD-ZおよびCHD-Wの共通配列に結合するが，CHD-ZにはCHD-Wにはない繰り返し配列が存在する。そのため，このプライマーによって増幅されたCHD-ZのDNA断片はCHD-Wのものよりも長くなる[10]。このプライマーをハシビロコウに適用すると，雄で1本（約590 bp），雌で2本（約590 bpと約450 bp）のバンドが見られる［図6(a)］。AWS03/USP3とCPE15F/CPE15Rプライマーによる性判別結果と2550F/2718Rプライマーによる性判別結果は一致し，また羽を用いても性判別が可能であることが確認できた［図6(b)］。

　PCR法に利用するDNA資源として，鳥類では通常，羽（抜いた羽）か血液を用いる。これらの採取も個体へのストレスやリスクがゼロとはいえない。採材によって飼育者との信頼関係が損なわれる可能性や老齢個体にとっては負担になる可能性もあるため，繁殖計画等の事情がなければ実施しない場合もありうる。

　伊豆シャボテン動物公園で飼育されていたハシビロコウのビルは，「ビルじいさん」の愛称で長年親しまれてきたが，2020年8月6日に残念ながら老衰のため死亡した。生前は雄と考えられていたが，死後解剖の結果，卵巣が確認され雌であったことが発表されたことは記憶に新しい。ビルは1971年にスーダンのハルツーム(Khartoum)の動物園から雌のシューとともに番として日本にやってきた。1973年3月から進化生物学研究所で

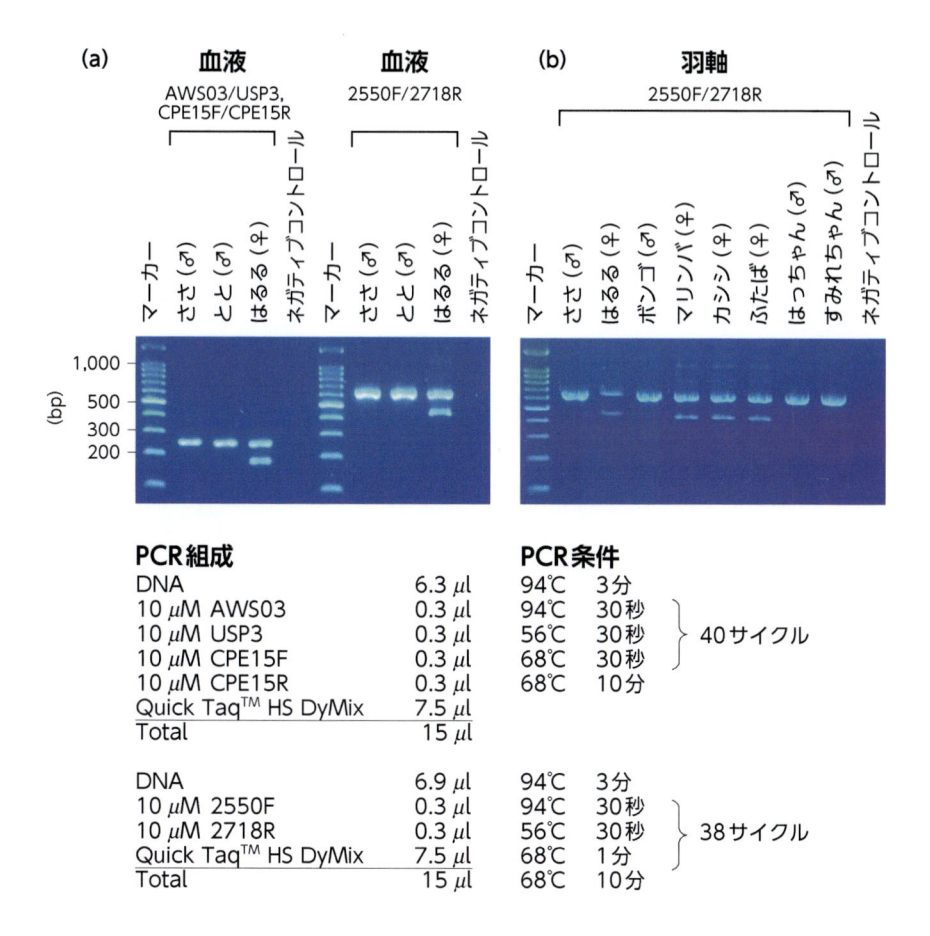

(a)

血液
AWS03/USP3,
CPE15F/CPE15R

血液
2550F/2718R

(b)

羽軸
2550F/2718R

マーカー / さこ (♂) / とと (♂) / はるる (♀) / ネガティブコントロール / マーカー / さこ (♂) / とと (♂) / はるる (♀) / ネガティブコントロール / マーカー / さこ (♂) / はるる (♀) / ポンゴ (♂) / マリンバ (♀) / カシシ (♀) / ぶたぼ (♀) / はっちゃん (♂) / すみれちゃん (♂) / ネガティブコントロール

1,000
(bp)
500
300
200

PCR組成

DNA	6.3 μl	
10 μM AWS03	0.3 μl	
10 μM USP3	0.3 μl	
10 μM CPE15F	0.3 μl	
10 μM CPE15R	0.3 μl	
Quick Taq™ HS DyMix	7.5 μl	
Total	15 μl	

DNA	6.9 μl	
10 μM 2550F	0.3 μl	
10 μM 2718R	0.3 μl	
Quick Taq™ HS DyMix	7.5 μl	
Total	15 μl	

PCR条件

94℃	3分	
94℃	30秒	
56℃	30秒	} 40サイクル
68℃	30秒	
68℃	10分	

94℃	3分	
94℃	30秒	
56℃	30秒	} 38サイクル
68℃	1分	
68℃	10分	

飼育され，1981年4月28日より伊豆シャボテン公園 (現伊豆シャボテン動物公園) へ移動されている。同年にシューが死亡したため，繁殖の機会はなく，検査の必要性も特段なかったのかもしれない。

　PCR法による性判別が普及する中，血液や羽の利用に比べて精度は劣るものの，抜け落ちた羽や排泄糞を使った非侵襲的な採材による本法の確立も望まれる。近年では鳥類でも糞から抽出したDNAを用いてPCR法による性判別をおこなった例がわずかな種で報告されている。私たちも，ハシビロコウを含む数種の鳥類において

図6
**PCR 法による
ハシビロコウの血液と
羽軸を用いた DNA 性
判別の結果** (電気泳動像)

ネガティブコントロール：
PCR組成からDNAだけを除いたもの。ネガティブコントロールにバンドがないことから，増幅バンドがDNAに由来することを意味する。AWS03/USP3とCPE15F/CPE15RのPCR条件は文献8) の変法。

糞を用いて試みているが，ハシビロコウに関しては，今のところ判別率がとても低い。糞を用いた方法では，糞中微生物によるDNAの分解，抽出DNAの濃度や精製度，工程上の酵素反応の阻害，尿酸による阻害，餌由来DNAの影響などが考えられているため，鳥種や飼料，採材条件等が成否に関係しているかもしれない。

5 さいごに

鳥類の性判別法は，先達たちの努力によりさまざまな手法が考案されてきた。現在はPCR法が主流であるが，この方法をとってみても，各鳥種での検討に加え，非侵襲的に得られるDNA資源の活用，簡易なPCR技術や機材の開発なども進められている。

本稿で紹介したPCR法による性判別は，幅広い鳥種において可能であり，広く普及しているとはいえ，すべての種に共通するものではない。特にプライマーの選定にあたっては検討が必要な種も多く，推定の判別結果である種も少なくない。ハシビロコウに関しては，異なる二つの塩基配列領域からの性判別結果が一致していることや，死後解剖の結果，雄であることが確定された個体の検体でも確認したため，PCR法の信頼性は高いと考えている。こうした手法をもとに，動物園のハシビロコウの性別が確定され，繁殖に向けた取り組みが続けられている。

[謝辞]

ハシビロコウの分析試料や情報を提供いただいた，高知県立のいち動物公園の齋藤 隼氏，神戸どうぶつ王国の佐藤哲也園長，中川大輔氏，長嶋敏博氏，那須どうぶつ王国の原藤芽衣氏，掛川花鳥園の松本美智子氏，愛鳥写真家のおぴ〜とうもと氏，原稿の作成に際してご協力いただいた小鳥の病院BIRD HOUSEの眞田直子院長，岐阜大学応用生物科学部動物繁殖学研究室卒業生の渡部真由氏と鈴木詩織氏に謝意を表します。

[文 献]

1) Griffiths, R., Double, M. C., Orr, K. & Dawson, R. J. G. A DNA test to sex most birds. *Mol. Ecol.* **7**, 1071–1075, doi: 10.1046/j.1365-294x.1998.00389.x. (1998).

2) 村田浩一, 松島興治郎, 佐藤稔, 細田孝久, 中山良三郎. ニホンコウノトリ幼鳥の全頭長計測値を用いた雌雄鑑別. 動物園水族館雑誌 **38**, 120–125 (1997).

3) Zavalaga, C. B. & Paredes, R. Sex determination of adult Humboldt penguins using morphometric characters. *J. Field Ornithol.* **68**, 102–112 (1997).

4) Abramson, J. & Thomsen, J. B. in *The Large Macaws: Their Care, Breeding and Conservation.* (Raintree Publications, California, 1995).

5) De Boer, L. E. & van Brink, J. M. Cytotaxonomy of Ciconiiformes (Aves), with karyotypes of eight species new to cytology. *Cytogenet Cell Genet*, **34**(1–2), 19–34 (1982).

6) Ogawa, A. *et al.* Molecular characterization and cytological mapping of a non-repetitive DNA sequence region from the W chromosome of chicken and its use as a universal probe for sexing Carinatae birds. *Chromosome Res.* **5**, 93–101, doi: 10.1023/a:1018461906913 (1997).

7) 西海功. 鳥類の性配分に関する研究とDNAによる性判定. 日本鳥学会誌 **48**, 83–100 (1999).

8) Itoh, Y. *et al.* Identification of the sex of a wide range of carinatae birds by PCR using primer sets selected from chicken EE0.6 and its related sequences. *J. Hered.* **92**, 315–321, doi: 10.1093/jhered/92.4.315 (2001).

9) Ong, A. H. K. & Vellayan, S. An Evaluation of CHD-specific primer set for sex typing of birds from feathers. *Zoo Biol.* **27**, 62–69, doi: 10.1002/zoo.20163 (2008).

10) Fridolfsson, A.K. & Elegren, H. A simple and universal method for molecular sexing of non-ratite birds. *J. Avian Biol.* **30**, 116–121, doi: 10.2307/3677252 (1999).

[歴史]
日本初のハシビロコウ
──黎明期の飼育研究への挑戦

宗近 功
Isao Munechika

一般財団法人 進化生物学研究所
主任研究員 評議委員／
ちば愛大動物フラワー学園 講師／
日本相の園水族館協会 会友

1983年、東京農業大学農学部
畜産学科卒業。東京都公園緑地
部恩賜上野動物園、多摩動物公
園、井の頭文化園勤務。1980
年から割愛により千葉市動物公
園建設室。1985年より千葉市
動物公園長。2001年に退職。
2001年より現職。2002年、博
士（生物産業学）。専門分野
は、鳥類の繁殖、マダガスカル
生物相の研究。主な著書に、マ
ダガスカルの不思議な虫たち
（編著、農文出版、2009）など。

ハシビロコウは1840年に発見され、グールドに
よってBalaeniceps rexと命名された。動物園で
公開されたのは1860年[1]、ロンドン動物園が初め
てである。日本では東京農業大学教授であった近藤
典生がスーダンから1973年に2羽導入したのが最
初で、3羽目は千葉市動物公園にウガンダ政府から
送られた1羽である。飼育するにあたり同じ地域に
生息する大型のコウノトリの仲間は寒さに弱く、脚
が凍り付くので心配はしたが、問題なく慣れれば赤
外線ランプによる暖房程度で越冬できた。餌は生き
たコイの飼育ので、産卵にまで至っているので、全
般的に飼育は難しい鳥ではない。

1 ハシビロコウの発見

ハシビロコウ（Balaeniceps rex Gould）がヨーロッパ
人の目にふれたのは1840年12月15日にドイツ人旅行者
が見たのが最初であろうと蜂須賀[1]が述べている。ヨー
ロッパへ運ばれたのは1860年4月に卵を採取して人工
孵化させた6羽で、そのうちの2羽が無事ロンドン動物
園へ到着した[1]。記録にはその嘴からペリカンに似てい
ると述べているが、命名者グールド[2]はこの時点でペリ

カン科の渉禽型であると位置づけた。その後，コウノトリ目ハシビロコウ科に分類されていたが，Sibley,G.C. & J.E.Ahlquist[2]はDNAの解析からペリカンに近いとし，現在はペリカン目に分類されている。

2 日本初渡来の経緯

ハシビロコウを日本へ紹介したのは近藤典生である。

彼は1961年東京農業大学開設70年を記念して実施されたアフリカ縦断動植物学術調査隊を率いて密かに野生のハシビロコウに会えるのを期待してケープタウンからアフリカへ入った（図1）[3]。

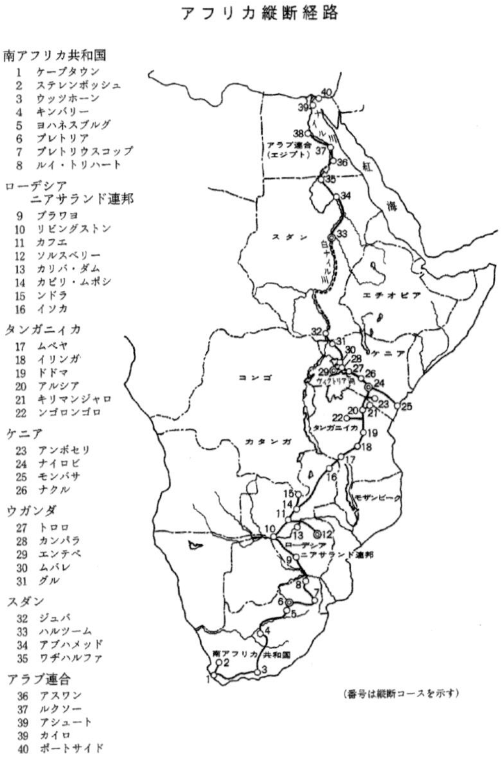
アフリカ縦断経路
南アフリカ共和国
1 ケープタウン
2 ステレンボッシュ
3 ウッツホーン
4 キンバリー
5 ヨハネスブルグ
6 プレトリア
7 プレトリウスコップ
8 ルイ・トリハート
ローデシア ニアサランド連邦
9 ブラワヨ
10 リビングストン
11 カフエ
12 ソルスベリー
13 カリバ・ダム
14 カピリ・ムポシ
15 ンドラ
16 イソカ
タンガニィカ
17 ムベヤ
18 イリンガ
19 ドドマ
20 アルシア
21 キリマンジャロ
22 ンゴロンゴロ
ケニア
23 アンボセリ
24 ナイロビ
25 モンバサ
26 ナクル
ウガンダ
27 トロロ
28 カンパラ
29 エンテベ
30 ムバレ
31 グル
スダン
32 ジュバ
33 ハルツーム
34 アブハメッド
35 ワヂハルファ
アラブ連合
36 アスワン
37 ルクソー
39 アシュート
39 カイロ
40 ポートサイド
アラブ連合（エジプト）
紅海
スダン
エチオピア
ケニア
コンゴ
タンガニイカ
カタンガ
モザンビーク
ローデシア
ニアサランド連邦
南アフリカ共和国
（番号は縦断コースを示す）

図1
近藤典生のアフリカ縦断経路

南アフリカの首都プレトリア,ローデシア,タンガニーカ,キリマンジャロを見て野生動物の宝庫ンゴロンゴロにも立ち寄った。野生動物を堪能してケニアのナイロビに到着し,そこで年を越した。1962年になってナクール湖でフラミンゴを観察し,ウガンダへ向かいカンパラへと進んだ。予定が遅れていたので近藤は本体と別れエンテベへ立ち寄り,エンテベ大学や自然保護ステーションを訪問した。そこで初めてハシビロコウに会うことができた。動かないとされるハシビロコウは10 m^{2}くらいの細長いケージの中で見学者に驚いたのか右往左往をしており,思っていたイメージと少し違ったが風貌は予想したとおりで,初対面の感激はひとしおであったと近藤は述べている。初めてのハシビロコウにかなり興奮し,導入を考えたようである。

　その後,ウガンダを北上しスーダンに入り,野生のハシビロコウが見られることを期待しながらナイル川をジュバからコステイまで車とともに下ったがハシビロコウの姿はなかった。スーダンの首都ハルツームに入り,動物園で2回目の対面をした。動物園では複数のハシビロコウが飼育されており,園の幹部は近藤に保有数に余裕ができれば贈っても良いとの意志を示し,政府の関係者からも約束を得ることができた。しかし,帰国後10年が経過したが,何の連絡もなかった。改めて問い合わせたところ1ヶ月が経っても返事がなく諦めかけていた時,送り方などの指示を仰いできたのでハルツームから東京までの輸送のスケジュールを作って送ったがその後また連絡がとだえた。1973年3月突然2羽のハシビロコウを送ってきた。日本に初めてやってきたハシビロコウである。

③ 初めてハシビロコウを飼う

　スーダンから到着したハシビロコウは魚を食べること以外なんの情報もなかった。とりあえず出入りの金魚屋から 15 cm ぐらいのコイを準備し，ポリバケツに入れて与えたところ今まで飼育経験のあるコウノトリの仲間と違って魚を獲るのが下手だった。いろいろ試みてみたが，捕まえやすい金魚よりもコイを好み，肺魚のような感触のウナギを与えてみたが，動きが早いためか捕まえられず食べることはなかった。残ったウナギは研究所員の口に入ったのはいうまでもない。貴重種であった肺魚は試みていない。その後はコイを中心に大型の金魚を与えたが安定的に食べてくれた。魚をつかむのが下手なのはその構造にある。ハシビロコウの嘴はコウノトリやサギのように細かいものがつまむのが難しく，外に落とした魚は取ろうとしなかった。サギやコウノトリのように嘴の先でつまむことができないからである。大きな肺魚を逃さないための魚市場で使う手鍵のようなフックが上嘴先についているためである（図2）。野生のハシビロコウと同じで，コンテナの中のコイに対して翼を広げ，嘴を開け飛びかかるだけで，素早いコイには何度もかわさ

ハシビロコウ

ニホンコウノトリ

モモイロペリカン

図2
嘴先の違い

大きな肺魚を捕まえるためにハシビロコウの上嘴には大きなフックがついている。外部形態からはニホンコウノトリよりペリカンに近い。

れていた。咥えるのに失敗して外に落ちたコイは拾われることはなかった。口を開けて体ごと魚にぶっつかっていくので，嘴を守るために硬くない素材のプラスチック製コンテナが良いように思われる（図3）。ハシビロコウの特殊な採食法は，泳ぎながら採食するペリカンから湿地に生息する肺魚のような特定の魚に特化した結果であろう。その構造についてはEndoら[4]がMRIを使って咽頭の拡張などについて報告している。

　育種学研究所に到着したハシビロコウは研究所の中庭に池を配し昼間の飼育場とし，夜間は寝室に収容した。

図3
採食中のハシビロコウ
（千葉市動物公園）

うまく捕まえられた。コンテナの外には捕まえられなかった魚が落ちている。

図4
日本に初めて入ったハシビロコウ2羽（東京農業大学育種学研究所）

［提供：（一財）進化生物学研究所］

　ペアで飼育するのが難しい鳥だが，この2羽（ビルと
シュー）の仲は良かった（図4）。

　1973年，珍しいハシビロコウは育種学研究所で皇太
子殿下（現上皇）の拝謁を受けた（図5）。育種学研究所
で飼育されている間，当時盛んであった百貨店での展示
会でもその姿は人気を博した。

4 伊豆に移ったハシビロコウ

　ハシビロコウが育種学研
究所に到着以来，飼育法の
改良を重ねてきたが，飛べ
る広さは確保できなかった。
何とか自由に飛ばしてやり
たいと考え，2羽は1981
年春，伊豆シャボテン公園
（現伊豆シャボテン動物公園）に
完成した2,800 m^{2}の広さ
のフライングケージに移さ
れた（図6）。中には池もあ

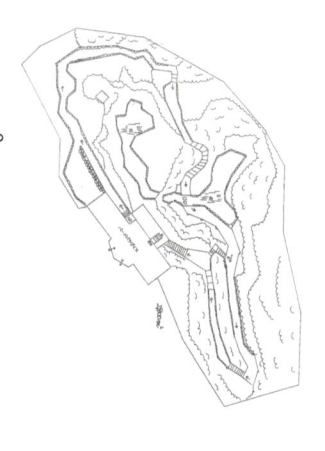

り，水禽やツルなどを中心に飼育されている。ケージ内には小さな池があるが，コンクリート製なので餌のコイ(15 cm)はプラスチック製バケツに生きたまま入れて与えた。1982年の冬は特別寒く2月の寒い日にシューは死亡した。伊豆の冬の寒さに耐えられなかったようだった。急遽ビルを収容するため暖房室(9 m²／赤外線暖房)を設けた(図7)。その後寒い時は自分で中に入り暖をとり，50年もの長い時を過ごし，2020年8月6日死亡した。ビルは今もバードパラダイスに剥製となって展示されている(図8)。シューも剥製となって進化生物学研究所に収められている。

5 千葉市動物公園のハシビロコウ

近藤典生先生の見せてくれたハシビロコウに魅せられた筆者はいつか飼育してそのヒナが見たいと思っていた。1972年千葉市に動物園を造る計画が持ちあがり，千葉市の要請で筆者が上野動物園から千葉市に移り協力することになった。

計画に当たって飼いたかったヘビクイワシとハシビロ

図8
日本初渡来の
ハシビロコウ・ビルの
剥製 (2020年8月6日死亡)
(提供：伊豆シャボテン動物公園)

コウを展示計画に加えた。業者に収集の可能性を打診したところハシビロコウはわからないとの返答であったので開園時の展示動物リストからは外したが，その後も業者には情報の提供を依頼しておいた。地元の動物園建設に尽力された市会議員の宍倉清蔵氏がその話を覚えていてウガンダを旅行した際，カンパラ動物園とウガンダ政府からハシビロコウの寄贈の約束を取り付けてきた。1985年4月6日，天井に頭を打ち付けないようにマニラ麻を張ったベニヤ製の箱に入れられ送られてきた（図9）。この個体は指に負傷をしており，治療をつづけたが，来てから1年半後の1986年9月11日，敗血症で死亡した。解剖の結果，オスであった。

図9
ウガンダから送られて
きたハシビロコウが
入っていた箱

　業者に依頼しておいたので情報が次々と入ってきた。1989年に4羽，1997年に2羽，2005年に2羽が来園した。

6　繁殖への試み

(1) 環境の整備

　大型の鳥類は切羽してオープンケージで飼育していたが，ツルなどで交尾の際バランスを崩すため受精率が低くなる。そのため，切羽をせず自然の状態で繁殖行動ができるようにと近藤典生は狭い育種学研究所から伊豆シャボテン公園の大きなフライングケージに移した。残念ながら1羽が移動直後に死亡したので繁殖は叶わなかったが，中に暖房室を設け常時暖房をしておくと寒ければ自分で入り暖をとった（図7）。

　千葉市動物公園の例では天井にネット張り，カラスの

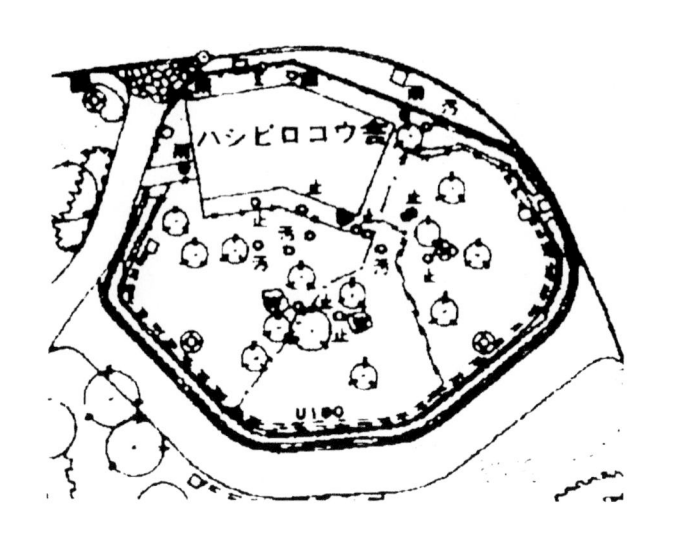

害を防ぎ，脱走も防いだ（図10）。切羽をしないためである。効果のほどはわからないが，日照時間を伸ばすために放飼場内に照明灯をたてた。

(2) 個体の調整

　鳥類を繁殖させるために必須なことはオスとメスを揃えることである。当たり前のように聞こえるが意外と難しい。鳥には性別が外見からわかる鳥とそうでない鳥がいる。また，メスメスで飼っていると一方がオス的行動をし，あたかもペアのように装う。動物園ではオスオス，メスメスでペアを組んでいた例がいくつもある。最近は多くの動物園がPCRの機器を導入し性別判定ができるようになってきた。以前は北海道大学染色体研究施設の佐々木元道教授の元に全国の動物園の獣医が染色体の培養を教わりに行き，鳥類の繁殖に備えた。これによってペアが組み替えられ，繁殖に成功した例がいくつもある。この方法には難点があった。染色体培養に時間がかかることである。最近では性染色体上の遺伝子をPCR法で増幅し電気泳動で可視化し，現れるバンドの位置と本数

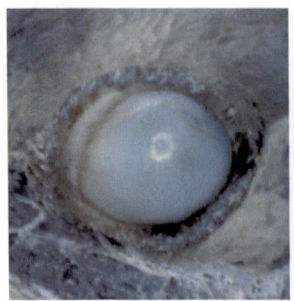
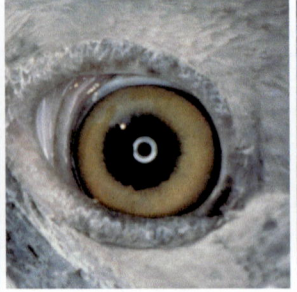
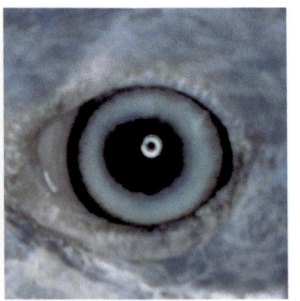

瞬膜　　　　　　　　　幼鳥の虹彩　　　　　　　成鳥の虹彩

図11
ハシビロコウの虹彩の違い

黄色は幼鳥で，成鳥になると青色になる。豪快な採食方法をとるためか瞬膜をよく動かす。

によって性別を判定する方法が開発され，東北大学の水野重樹教授らと共同でハシビロコウ用のプライマーが完成した。詳細は文献[5]および本書の「鳥類におけるさまざまな性判別法とハシビロコウのDNAによる性判別」の項を参照されたい。

成熟か未成熟かは，その虹彩色を見るとわかる。黄色は若く，大人になると青く変わる（図11）。

⑶ 人工授精による繁殖の試み

単独行動をとり，ペアリングの難しい鳥類では人工授精が有効であろう。

まだ挑戦したことはないが，筆者らは日本で初めてマナヅルの人工授精に成功し[6]，その後多摩動物公園でその技術が完成した。ハシビロコウの繁殖には産卵まで成功しているのでこの技術を使うべきだと思う。今後の成功を祈る。

7　終わりに

1973年に初めて見たハシビロコウに魅せられてから12年後の1985年に地元の動物園愛好家宍倉清蔵氏の御

尽力で夢が叶えられた。最大の感謝を送りたい。今は動
物園を離れているので後輩に託すしかないが，千葉市動
物公園で初めての繁殖を達成していただきたい。まとめ
るにあたり，多くの人たちのご協力を得た。この場を借
りて感謝する。

[文 献]

1) 蜂須賀正氏. ハシビロコウ *Balaeniceps rex* Gould の話. 鳥 **4(20)**, 375–384 (1925).

2) Sibley, G. C. & Ahlquist, J. E. Phylogeny and Classification of Birds p504–527 (Yale University Press, 1990).

3) 近藤典生. シュービルストーク その入来と飼育 どうぶつと動物園 3号80–83 (1984).

4) Endo, H., Yamazaki, T., Mori, K., Kudo, K. & Koyabu, D. Functional Morphology of the Enlarged Pharynx and Hyold Bone of the Shoebill, Jpn. *J. Zoo. Wild. Med.* **19(1)**, 21–25 (2014).

5) Ito, Y., Suzuki, M., Ogawa, A., Munechika, I., Murata, K. & Mizuno, S. *J. Heredity* **92(4)** 315–321 (2001).

6) 宗近功, 中山孝. マナヅルの人工受精による繁殖例. 山階鳥類研究所報告 第15巻第1号, 87–95 (1983).

葛西 宣宏
Nobuhiro Kasai

元・公益財団法人 東京動物園協会
恩賜上野動物園 教育普及課教育
普及係動物相談員

1973年，東京都に入都。恩賜上
野動物園配属。同年より恩賜上
野動物園の飼育係としてジャイ
アントパンダ，オカピ，ハシビ
ロコウなどさまざまな動物の飼
育に携わる。2002年，オカピ導
入のため，アメリカ合衆国カリ
フォルニア州のサンディエゴ動
物学協会へ海外研修。2013年，
ハシビロコウ，オカピの飼育研
修のため，アメリカ合衆国フロ
リダ州へ，タンパローリーパー
ク動物園，ジャクソンビルにあ
るホワイトオーク保護センター
で飼育管理について学ぶ。2014
年からは動物相談員として動物
に関する相談に対応。日本博物
館協会顕彰（2015年）を受賞。

【飼育】
上野動物園における ハシビロコウの 飼育の歴史と現在

2002年11月12日，上野動物園に初めてハシビロコウが来園した。これまでの国内での飼育例は2例で，国際的にも飼育例は少なく生理や生態，飼育の参考になる文献も乏しい状況であった。そのような情報の少ない手探り状態のなかで，受け入れのため動物舎の施設・設備の改修や増設，放飼場内の植栽等の見直しや，搬入後の日常管理やつがい形成等のこれまでの取り組みや今後の計画について紹介する。

1 来園および検疫

2002年11月12日に，オス1羽（愛称：ボワナ）とメス2羽（サーナ，アサンテ）がタンザニアから上野動物園に来園した。オスは推定3歳，メス1羽（サーナ）は2001年生まれ，もう1羽（アサンテ）は同年1・2月生まれと，推定された性別と年齢の報告を輸入業者から受けた。

その後，2003年には若鳥のオス1羽（ターノ）とメス1羽（ミリー）（後の検査でターノはメスと判明）がそれ

ぞれドイツ，ザンビアから来園した。2004年2月にオスのボワナが感染症で死亡後，2005年にはオスのハトゥーウェが来園し，2007年にはドイツのフォーゲルパークのオス1羽（シュシュ・ルタンガ）と当園のメス1羽（ターノ）を繁殖目的のため交換した。

　当園に搬入された鳥類は検疫をおこなう。2002年に来園したボワナ，サーナ，アサンテの3羽は，来園時の糞便検査で回虫が確認されたため駆虫処置をおこなった。よって，展示の開始は検疫が終了した2002年12月5日からである。

② 性別判定および個体識別

⑴ 性別判定

　鳥類は外見上性判別できない種が多くいる。ハシビロコウも判別しにくい鳥の一つである。外見上の特徴等で性別判定しづらいものについて近年はPCR法によりDNAを用いた性別判定をおこなうようになってきている（p.078【性判別】の項を参照）。

　当園では，園内でPCR検査を実施している。この検査は血液や羽軸などのわずかな量の検体で検査をおこなうことが可能で，検査個体に与えるダメージが少なく，すみやかに判定ができるという利点がある。

⑵ 個体識別

　飼育動物は個体ごとに日々の変化や出来事の情報を記録し，管理している。この個体管理のベースとなるのが「個体識別」である。個体識別は外見的な特徴や人為的に取り付けた足環やカラーリング等によっておこなう。愛称をつけることもあるが，基本的には足環に刻印された数字やアルファベット，カラーリングの色などで識別

永田 裕基
Hiroki Nagata

公益財団法人 東京動物園協会
多摩動物公園　飼育展示課北園
飼育展示係

1989年，東京都に入都。多摩動物公園を経て，2012年より恩賜上野動物園の飼育係として勤務。チンパンジー，キリン，オカピなどさまざまな動物の飼育に携わる。2018年より西園飼育展示係においてハシビロコウの飼育を担当。2024年より多摩動物公園に戻り現職。

図1
片足にアルミ製の足環，
反対側の足に
カラーリングを装着した
ハシビロコウ

をおこなっている。当園のハシビロコウの個体識別も公式の足環とカラーリングでおこなっていて，片足にアルミ製の足環を，反対側の足にカラーリングを装着している。このカラーリングは，色付きの電線のケーブルなどの被覆部分を活用しており，芯に結束バンドを通して足に装着することで，個体に負担をかけることなく識別が可能となっている（図1）。さらに，皮下にはマイクロチップを埋め込み，万が一，足環などが脱落しても識別ができるよう工夫している。

　現在，ハシビロコウにはゴリラやトラのような国際的な繁殖プログラムはないが，今後，生息域内での生息状況の悪化などにより，域外（動物園等）での保全の必要性が高まる可能性がある。個体を識別して個体ごとの情報を記録し，管理することは，保護増殖をおこなっていく上で基本となる重要な仕事の一つといえるので確実に実践している。

3　ハシビロコウ舎の整備と飼育環境

　上野動物園は東園と西園で構成されている。ハシビロ

コウは当初，西園の北部に位置するフラミンゴ舎に収容して飼育・展示をおこなう計画となっていた（図2）。

(1) フラミンゴ舎の改修

当時のフラミンゴ舎はオープンケージタイプで，約300 m^2の放飼スペースに温度管理と個体を分離ができる施設16 m^2（寝室2棟）で構成されていた。そこには，フラミンゴ2種，トキ類2種が混合飼育されていた。ハシビロコウの導入にあたり，2001年と2003年に舎内の既存の寝室に隣接して温室タイプの寝室を2棟増築した。さらに，2010年には80 m^2のサブ放飼場（第3，4放飼場）と寝室1棟を新たに増築し，施設を充実させた（図2）。

ハシビロコウの生息地と日本（東京）との気温や，日照時間などの違いで生理面に及ぼす影響も考慮し，設備面でも点灯時間のコントロールが可能な照明器具を設置したり，暖房機器を揃えたりして，ハシビロコウの飼育に備えた。

図2
現在のハシビロコウ舎の全体図
赤線は放飼場間の間仕切り

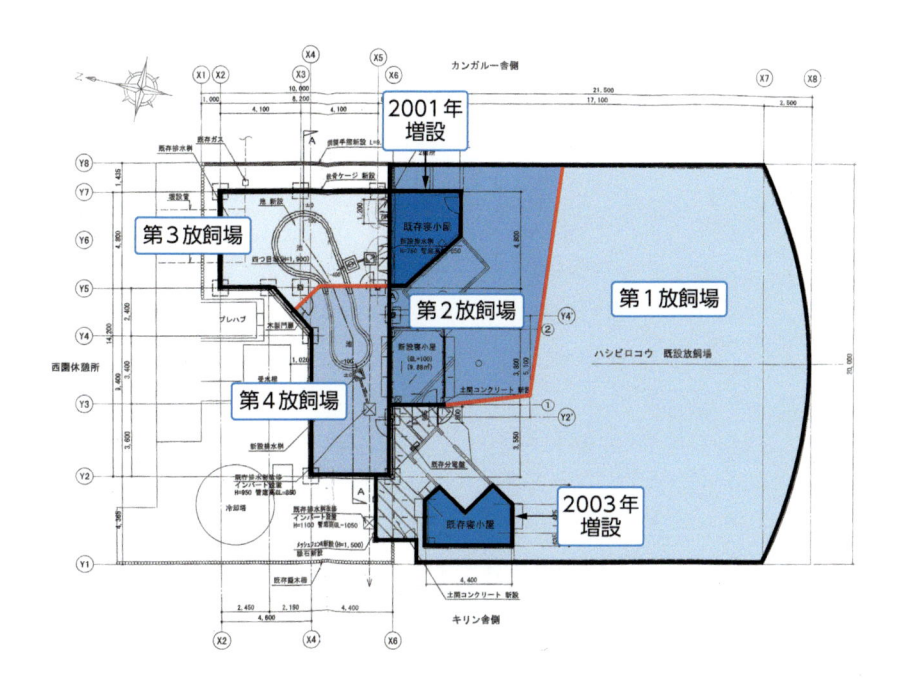

このハシビロコウ舎内にある五つの寝室はそれぞれ放飼場に直結した構造にした。放飼場と寝室は，出入りが自由にできる構造にし，ハシビロコウ自身が場所を選択できるようにした。また，床面にはクッション性のあるウレタン塗料を塗布したり，人工芝で表面を覆ったりすることで，足の疾病予防を考慮した。

(2) ハシビロコウ舎の囲いおよび間仕切りの新設

改修前のフラミンゴ舎は，人止め柵と丈の低いウバメガシの生垣で来園者と鳥を隔てる構造となっていた。ハシビロコウの飛翔による脱出防止対策とオス・メスの分離飼育スペースの確保が必要だったため，全体を化学繊維の漁網で覆うことにした。しかし，野生のハクビシンやタヌキが侵入したため，地面から高さ2mほどを色付きの細いステンレスワイヤーネットに交換した。

野生では単独生活をしているハシビロコウのために，展示スペースには間仕切りを設置した。間仕切りは，設置・撤去の自由度が高い竹垣と植栽を併用し，放飼場間を行き来できる扉を設けた。ペアリング時に逃げ場所やルートを複数，確保するため，仕切りごとに扉は数ヵ所設置することにした[1]。

仕切られた各スペースの名称は，約250 m^{2}の広い方の展示スペースを第1放飼場，狭い方を第2放飼場とし，後の増築部は，観覧面を第3放飼場，奥の部分を第4放飼場とした。

(3) 樹木および地被植物の補植

舎内の植物は，飼育されている種に対して精神衛生や福祉の面からも重要な要素の一つになる。来園者にとっても動物が暮らす生息環境を知るきっかけとなるので，慎重に選定した。

ハシビロコウを硬い地面で飼育することが原因となり，

図3
シペラスを補植

趾瘤症（バンブルフット）や足皮膚炎といった趾のトラブルの発生を防ぐため，足底に及ぼす影響を緩和する地被植物を植えた。さらにプールの淵には川岸や湿地に自生するショウブ科の多年草のセキショウ，ユリ科のリュウノヒゲ等で覆い，繁殖行動につながるようブッシュ状に生育しシェルターや巣材として利用可能な常緑多年草のカヤツリグサ科のシペラス（パピルスの園芸種）やキジカクシ科のハランもコーナー部分やオープンスペースに補植することにした（図3）[2]。

　元からあったヤシ類やブナ科のウバメガシは日陰の確保や来園者からの視線の遮蔽のために継続して利用し，ヤマモモ科のヤマモモとモッコク科のヒサカキも追加することにした。

4 ハシビロコウ舎への搬入

(1) フラミンゴ等との同居

　フラミンゴ舎には，ベニイロフラミンゴ25羽，チリーフラミンゴ14羽，シロトキ4羽，アンデスブロンズトキ2羽が飼育されていた。

2002年12月5日に検疫が終了し，ハシビロコウを展示。当初は第1放飼場にメス2羽を，第2放飼場にオス1羽を収容することにした。2010年増築部分が完成するまでは，後の来園個体と合わせて，オスのボワナ1羽とメス4羽（アサンテ，サーナ，ミリー，ターノ）で2ヵ所の放飼場と四つの寝室をやりくりし飼育に対応していた。2004年オスのボワナが死亡後，2005年には，オス1羽（ハトゥーウェ）が来園した。

　後に，ハトゥーウェをボワナの飼われていた第2放飼場に収容し，飼育を開始した。ミリーを除いた個体には仕切り越しに嘴で激しくアタックする姿や竹垣をくわえて威嚇する姿が確認されたが，ミリーに対してはそのような光景を目にすることはなかった。

　第1放飼場で飼育しているメスも，お互いに意識して距離を保って過ごし，大きなトラブルもなく経過したが，日にちが経過するにしたがい，メス同士のなかでも順位のようなものが確認できるようになった。放飼場内を自由に動きまわるターノ，ターノが移動し空いた空間にアサンテとサーナが移動する姿が目立つようになった。

⑵ ペアリングと分離

　ミリーは常に緊張し，周囲に注意を払う様子が見られたが，オスのハトゥーウェに対して警戒するようなことはなく，中仕切り越しの近い距離での姿をしばしば見かけるようになる。そのような時もハトゥーウェには攻撃する様子は見られず，このようなことから2008年4月からミリーとハトゥーウェのテストペアリング（短時間の同居から開園時間内）を実施した。

　テストペアリング後，7月より終日同居を開始した。数ヵ月間，トラブルもなく過ごしたが，突然ハトゥーウェがミリーに対し攻撃する様子が見られた。ミリーは逃げる間もなく茫然とするなかで，嘴でのアタックを受けた。

即座に2羽を分離し，体の各部の怪我のチェックをおこなった。ダメージのある怪我を負うことはなかったが，その後ミリーはハトゥーウェから距離をとるようになり，それ以降同居ができなくなり分離飼育となった。

メス同士でも同居になじまないターノを，ペアを作るのに足りないオスの補充のため，2007年にドイツのフォーゲルパークのオス1羽（シュシュ・ルタンガ）と繁殖目的で交換した。以後，オス2羽（ハトゥーウェ，シュシュ・ルタンガ），メス3羽（サーナ，アサンテ，ミリー）となっている（その後，2018年3月1日にシュシュ・ルタンガ死亡）。

(3) 同居鳥類の分離

フラミンゴは同居時，ハシビロコウに追尾され逃げるようすや，常に群れで集まり，緊張ぎみに佇んで距離を保つ様子が観察されていた。トキ類に関しては，日常の生活空間が重なることが少なく生活に及ぼす影響は少ないように感じていたが，繁殖期にふ化後間もないシロトキのヒナがハシビロコウによる食害をうけた。

このような状況から，当園の飼育規模では他種との混合展示は不適切と判断し，2007年から同居する鳥類の分離をおこなった。分離後，トキ類，フラミンゴは移動後の動物舎で繁殖が再開している。また，ハシビロコウは行動域が広がり，舎内で飛翔する姿や，池の魚を捕獲するときの，「佇み待ち」と「ゆっくり歩き」などの独特な採食行動が頻繁に観察されるようになった。

(4) 食餌および給餌方法

来園時，飼料として1羽あたり，淡水魚を2日に1回2 kgを与えていると聞いていたため，検疫時より生餌のコイと鮮魚のマアジを1日に各1 kgを，水を張ったバットに入れ給与した。

飼料については寄生虫の感染を考慮して，ヒト用に流通しているものを使用している。

　来園当日からコイの採食が確認され，翌日にはマアジも採食するのが確認された。鮮魚のマアジを採食するのが確認できたので，駆虫薬の投与は，マアジの口腔内に薬剤を入れて与えることとした。

　検疫が明けて，ハシビロコウ舎に移動後は寝室内にマアジとコイをバットに入れて置き餌とし，池にコイを不断給餌用に放流することにした。また，摂取する栄養面と餌のバリエーションを考慮して，実験動物用に生産されたマウスやピンクマウスの給餌を試みたが，採食はするが魚類ほどの嗜好性を示さなかった。

　加えて，投薬やサプリメントの投与のため手差し（ハンドフィーディング）を試みると，どの個体も採食までの日数に差はあったが，4〜5日で全羽が手差し可能となった（図4）。

　それ以後，夕方の給餌時には食欲等の確認のためハンドフィーデングをおこなっている。そして，これがきっかけとなり，給餌時に体の各部に接触するトレーニングをおこない識別用のカラーリングの交換や簡易な治療などが保定などせず実施できるようになった。

図4
ハンドフィーディング

5 繁殖をめざして

(1) ペアリング

　次に世代を繋げていくには，まず適正なペアを見いだすことが重要なポイントである。しかし，ハシビロコウのこれまでの飼育報告によると，相性の良し悪しが極端に影響している。また，ペアの形成後でも飼育スペースが狭い場合は，繁殖期のみ同居させ，その他のシーズンは隔離飼育している例が報告されている。

　当園では仕切り越しに，互いに姿が見える状態で飼育をおこない，見合い中の2羽の反応を見てテストペアリングを実施したり，相手を変えたりするなどの対応をおこなってきた。

　当園のハシビロコウ舎の放飼場は4面に分かれており，そのうち第1・第2放飼場の間，および第3・第4放飼場の間は竹垣で仕切っているため，終日見合い状態になっている。特に一番広い第1と第2放飼場の間は，2枚の木戸を開放すればそのまま広い放飼場として使え，かつトラブルの際の避難場所としても有効な構造になっている。

　そのため，2008年から見合いを実施する際は，第1放飼場にオスのハトゥーウェを収容し，第2放飼場にメスを入れるという方法を実施した。

　入れ替え当初，オスはどのメスに対しても興味津々で竹垣に近寄るのが確認された。一方，メスはハトゥーウェに対して恐怖心からか，竹垣に近寄ることすらあまり見られなかった。

　日数が経過すると，メスはハトゥーウェが竹垣により近づけないことを理解し，第2放飼場内で自由に行動し，餌の摂餌も安定するようになった。しかし，今度はハトゥーウェがメスに近寄れない状況を認識してしまったのか，第2放飼場を仕切る竹垣にあまり近寄らなくなった。その状態になるのを待って，観察ができる日中に放

飼場を仕切る木戸を2枚とも開放し，ハトゥーウェとメスが同居できる状態にすることにした。

メスは開扉に気づくと，警戒しながらも広いプールのある第1放飼場にそろそろと入った。しばらく動き回ってもハトゥーウェに反応がないと，次第に大胆になり日当たりがいい植栽の上に飛び乗ったりしたが，ハトゥーウェが気づき，暫くするとメスに襲い掛かる状態が見られた。

1〜2ヶ月ごとにメス個体を入れ替えて，雌雄の反応の観察を続けた結果，サーナとアサンテは同居当日に襲われてしまったが，ミリーは2週間の同居に成功した。

ミリーは立ち回りがうまく，自分からはハトゥーウェに近づかない上に，木戸や竹垣をうまく使って距離を保っていた。一方，同居時にすぐにハトゥーウェに襲われたアサンテはその後，竹垣ごしにハトゥーウェと見つめあったり，互いの動きを目で追ったり，クラッタリングに同調したりといった行動が，1週間ほど断続的に観察された。ハトゥーウェにもその時，放飼場内のヤシ類の葉をくわえ，アサンテから見える場所に運ぶといった行動が見られたことから，今後はハトゥーウェとアサンテの関係を注意深く観察していこうと考えている。

摂餌量を年間通して見ると，増減の波は4羽でほとんど一致しており，彼らなりに当園の気候の変化や環境には順応しているように見える。

しかし，今春ハトゥーウェに見られた繁殖行動が非常に弱いものであったこと，岐阜大学と共同研究中の糞中ホルモンの値には顕著な変化が見られなかったことから，繁殖を目指して今後は日照時間の調節と，エサの給与量に季節変化をつけることで，糞中ホルモンと行動に変化があらわれるか観察を継続する (p.146【繁殖生理】の項を参照)。

これまでの方法と併用して，飼育園館が増加するなかで，各園館の協力のもと相性の良いつがいをつくるため，

繁殖貸与などの方法も視野に入れて取り組む必要性を感じている。繁殖例の少ないハシビロコウの場合，各飼育園館との飼育情報の共有や飼育個体の移動など，これまで以上に密接な連携が必要になる。

　これまでも，飼育担当者レベルでの情報交換はおこなってきたが，これからは，ブリーディンローン（繁殖貸与）を含め，園館レベルの仕事として取り組む必要性を強く感じる。

⑵ 人工繁殖技術の導入の検討

　自然で見られるように，つがいが形成され繁殖することが望ましいが，飼育下という特殊性，限られた個体数，少ない情報などの条件下で繁殖を目指すうえで，習得しておくべきスキルの一つとして人工授精がある。人工授精は，本来家畜や家禽の増殖，改良のために発達してきた技術だが，これまでも動物園では，自然交配で繁殖させるのが困難な希少動物をなんとか殖やそうという目的で使われてきた。鳥類でのこれまでの使用例として，猛禽類のハヤブサやオオタカ，ツル類のマナヅルやタンチョウがある。

　これらの鳥類に人工授精をおこなった理由の一つが，つがい形成が難しかったことがあげられる。その時の記述を紹介すると，「ペアの片方が強すぎたり，相性が悪かったりして同居できない。もともと野生での生活が単独性のもので，オス・メスの出会いは繁殖期だけといった種によくみられる。」という表記があり，まるでハシビロコウの生活そのものである[3]~[5]。

　また，この技術の利点はオス・メスの両性を飼育していなくても，しっかりしたスキルを習得していれば，オスの飼育園館から精液を採取し，メスのみを飼育している園館に提供し，人工授精をおこなうことが可能となる。これに加えて，凍結保存技術を応用すれば，精子の保存

が可能となりオスが死亡した場合でも，保存されていた精液により人工授精が可能となり，世代をつないでいけるのである。このようなことから今後，人工授精も視野に入れながら繁殖方法を検討しなければならないと強く感じている。

6 さいごに

ハシビロコウについては，生態や繁殖生理などまだまだ解らないことだらけである。動物園での繁殖例も2013年当時は，ベルギーのペリダイザ動物園と米国フロリダ州のタンパのローリーパーク動物園の2例しかなかった。

2013年2月には，繁殖実績のあったローリーパーク動物園に海外研修として訪れる機会をいただいた。フロリダは繁殖シーズンではなかったが，これまでの取り組みや飼育管理，飼育施設について学ぶことができ，上野動物園でのハシビロコウ飼育に活用している。

ローリーパーク動物園Animal Care Managerの Julie. A, Tomita さんをはじめ鳥類チームの皆さんに大変お世話になった。改めて御礼申し上げる。

[文 献]

1) Muir, A. Management and husbandry guidelines for Shoebills in captivity. *International Zoo Yearbook* **47**(**1**)（2013）.

2) Tomita, J. A. *et al.* Tampa's Lowry Park Zoo: Shoebil Propagation Challenges and Successes. *International Zoo Yearbook* **48**, 69–82（2014）.

3) 杉田平三, 鈴木新平, 小宮輝之. 世界の動物 分類と飼育10–2 ツル目. p125–128（東京動物園協会, 1989）.

4) 小宮輝之. 世界の動物 分類と飼育8 コウノトリ目＋フラミンゴ目. p59–64（東京動物園協会, 1985）.

5) 斎藤勝. 動物園のコウノトリ─飼育上の問題. 世界の動物 分類と飼育8 p71（東京動物園協会, 1985）.

【繁殖】

日本の動物園における
ハシビロコウの産卵事例
——千葉市動物公園における
産卵記録とその考察

現時点では，国内唯一の産卵記録を有する，千葉市動物公園のハシビロコウ「しずか」。1989年に来園し，2004年，2009年，2016年，2018年と，計4回産卵した。産卵は，7月〜8月の夏期に見られ，いずれの産卵もクラッチは1卵であった。卵殻表面は，白チョークの粉を吹いたような外観を呈し，ペリカン類の卵殻構造と類似点が見られた。

松本 和人
Kazuhito Matsumoto

元・千葉市動物公園

1990年，信州大学農学部卒業。同年4月より2021年3月まで千葉市動物公園に勤務。2019年4月より3年間，ハシビロコウを担当。2024年3月，千葉市動物公園退職。

1 はじめに

ハシビロコウは，日本では，近年，その外貌の特異さ，じっとして動かない習性など，鳥類としては珍しく，種だけでなく，展示動物の個性にも注目を集める存在になっている。動物園において，ハシビロコウの繁殖例は

国内唯一の産卵歴を有する「しずか」

数えるほどしかなく[1]，産卵が見られることもまれだ。現時点では，国内唯一の千葉市動物公園での産卵事例と，その考察を紹介する。

2 千葉市動物公園でのハシビロコウの飼育史

　千葉市動物公園で飼育展示中のハシビロコウのメス「しずか」は，国内のハシビロコウの飼育展示の歴史で，唯一の産卵記録を持つ個体だ。その産卵にまつわる話を始める前に，当園でのハシビロコウの飼育展示の歴史をひもといておきたい。まだ，動物園動物としてほとんど認知されていなかったハシビロコウを，飼育展示種として取り組もうとしたきっかけは何だったのか。千葉市動物公園初代園長である，宗近功氏に導入の経緯を伺った。宗近氏は，当時，東京農業大学の育種学研究所（現・進化生物学研究所）で飼育されていたハシビロコウに接する機会があり，その時のインパクトから是非，新しく開園する千葉市動物公園で取り組みたいと考えられたとのことである。また，ハシビロコウは，コウノトリ目（現在はペリカン目）の鳥の中では非常に特異に進化した種であり，進化の多様性を見せたいということと，そして，当時（これはおそらく今もそうであるが），ハシビロコウは，野生下および飼育下ともに，ほとんど何もわかっていない鳥であったので，その謎の解明の一端を担いたいというのも動機であった。動物公園開設に尽力した市会議員の方が，ウガンダを訪れることになり，ハシビロコウを始めとする動物のことを託したところ，ウガンダ政府から寄贈を受けることになり，ここに当園のハシビロコウの飼育展示のスタートが切られることになった。当園に初めてやって来た個体は，オスで，飼育期間は1年5ヵ月と短命に終わり，飼育期間中にメスを迎えることはで

表1 千葉市動物公園におけるハシビロコウの飼育の歴史

個体 No.	性別	入手年月日	死亡年月日	飼育期間	備考
1	♂	1985年 4月 6日	1986年 9月11日	1年 5ヵ月	ウガンダ政府より寄贈
2	♂	1989年10月19日	2002年 2月 7日	12年 3ヵ月	
3	♀	1989年10月19日	1994年10月21日	5年 0ヵ月	
4	♂	1989年10月19日	1997年 1月18日	9年 2ヵ月	
5	♀	1989年10月19日		31年 7ヵ月	しずか
6	♂	1997年10月28日	2009年12月19日	12年 1ヵ月	
7	♀	1997年10月28日	2002年 3月21日	4年 4ヵ月	
8	♂	2005年 7月22日	2006年10月13日	1年 2ヵ月	
9	♂	2005年 7月22日		15年10ヵ月	じっと

※しずか・じっとの飼育期間は，2021年5月31日現在

きなかった。当園では，当該個体以降，8羽，合計9羽の飼育歴がある（**表1**）。ハシビロコウは長寿の鳥として知られているが，収容した9羽のうち，10年以上生存した個体は4羽で，死因は心臓に関連するものが多く，季節も気温が低い時期に集中していることから，長期間の飼育は，冬期の管理が重要になってくるようだ。

3 「しずか」の産卵記録

「しずか」は，過去4回産卵している（**表2**）。過去一番早い産卵が7月1日，一番遅い産卵が8月11日なので，

表2 「しずか」の産卵日と卵サイズ

産卵日	寸法 (長径×短径) (mm)	重量 (g)	備考
2004年8月11日	86.0×57.0	155.0	
2009年8月 7日	86.3×59.6	166.1	
2016年7月25日	81.5×57.7	—	破卵
2018年7月 1日	84.8×58.5	157.4	
2024年6月15日	86.3×58.9	166.1	

「しずか」の産卵は，夏期に限られている。野生では，繁殖期は，雨季が終わり，洪水の水が引き始める，乾季の初めごろに始まり，生息環境の冠水水位に密接に関連している[2]。フロリダ州，タンパのローリーパーク動物園では，10月に産卵が見られている[3]。フロリダ州では，概ね6月〜9月に降水量が多い[4]。よって，飼育下でも，野生と同じく，降水量が多い時期の終わり頃が産卵期に当たると見てよいだろう。また，「しずか」の産卵は，過去すべて，クラッチは1卵である。ハシビロコウは，最長5日間の間隔で1〜3卵，通常2卵産卵する[2]。ローリーパーク動物園での記録もクラッチは1卵であるので（10月3日に1個産卵し，この卵の破卵後，11月11日に1個産卵している）[3]，この1卵だけというクラッチは，個体固有の先天的なものなのか，または飼育下での環境および栄養状態による二次的なものなのかどうかは不明である。「しずか」が産んだ卵は，残念ながら，産卵前のペアリングがうまくいかず，すべて無精卵である。

「しずか」の産卵間隔は，最初の産卵から，5年，7年，2年と，かなりバラつきがある。ハシビロコウの繁殖間隔に関するデータは，見当たらず，毎年産卵する鳥であるのかどうかは不明である。このように，当園での産卵は，予期しない出来事で，ゾウやゴリラのような，同一の飼育係が，10年以上のスパンで担当する動物と違い，産卵前の徴候に関する逸話的な情報も残りづらい。2018年の産卵では，産卵前のごく短期間に，食欲の減退が見られた（図1）。当園では，飼料として生鯉を給与している。当園のハシビロコウの年間採食パターンは，概ね，冬期が少なく，春を迎えるにしたがって上昇し，冬に向かって下降する。今回の産卵では，採食量が，産卵4日前から，産卵前日を底に，産卵3日後まで，急に減少している。この食欲減退が産卵に関連するものかどうかは不明であるが，採食量が多い夏期に，状態の悪化

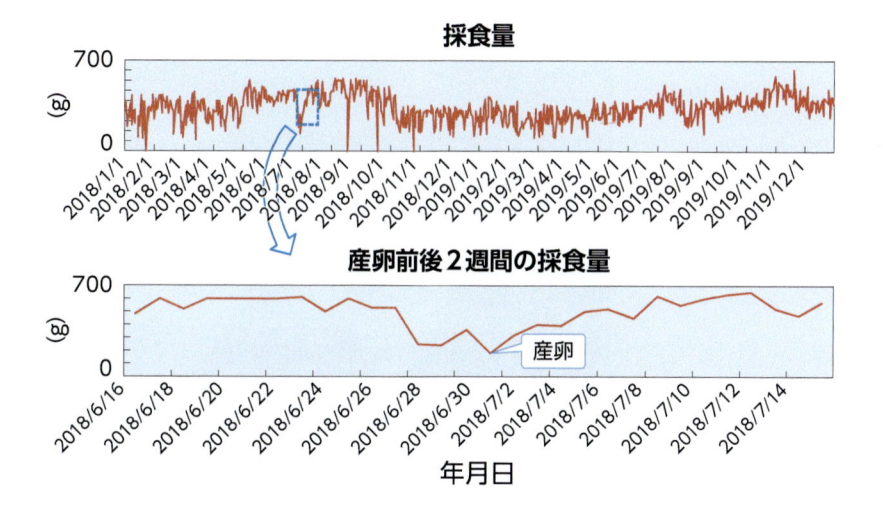

採食量

産卵前後2週間の採食量

年月日

を認めず，採食量が急に減少した時は，産卵する可能性があるので，巣材をいつもより多く入れたりといった，破卵を防ぐ対応が可能となるかもしれない。ハシビロコウは，産卵する事象自体がまだ珍しいので，科学的な裏づけは不十分であるが，今後の参考にということで紹介した。

「しずか」は，飼育開始から最初の卵を産むまで，14年9ヵ月を要している。ハシビロコウは3歳で性成熟に達するといわれているので[1]，性成熟して以降，かなり時間を要したことになる。また，直近の産卵は，飼育開始から28年8ヵ月後に生じており，「しずか」は来園時すでに性成熟に達していたとすると31歳8ヵ月以上での産卵となる。この卵の生存能力は不明であるが，ハシビロコウの生殖年齢はかなり長いことが示唆される。

4 ハシビロコウの卵

当園で産まれた卵の平均サイズは，大きさが84.65

図2
ウズラ，ニワトリ，ハシビロコウの卵の比較
（右端がハシビロコウ）

mm（長径）×58.2 mm（短径）で，重さ159.5 g，容積では，ニワトリのMサイズ卵の約2.6倍となる（図2）。卵の表面は，白チョークの粉を吹いたような，ざらざらの肌理をしている。卵殻標本の小さな穴から中をのぞくと，ハシビロコウの卵は薄い青色をしているのが確認できる。

　鳥類の卵殻は，卵管子宮部（卵殻腺部）で形成され，鳥類の体温および大気圧の下で最も熱力学的に安定した炭酸カルシウムの結晶形態である**カルサイト**[*]から成っている[5]。鳥類では，科および目では，同一の卵殻構造を有し，系統発生の重要な指標とされる[6]。卵殻の微細構造については，卵殻膜から，外側に，乳頭層，柵状層，垂直結晶層，クチクラ層の四つから成り[7]，カルサイトによる石灰化は，垂直結晶層までで，最外側のクチクラ層は，石灰化していない。垂直結晶層からクチクラ層への移行部のクチクラ層の内帯には，炭酸カルシウムまたはリン酸カルシウムの微細な球状の非晶質が見られ［この部分を，Mikhailov (1995) は，被覆層とよんでいる］，ペリカン目およびペンギン目の鳥では，炭酸カルシウムの**バテライト**[*]から成っている。この部分が，ハシビロ

コウは60〜100 μmと厚く[6]，白チョークの粉を吹いたような外観を与えている（図3）。コウノトリ目の卵殻には，この被覆層がなく，近年，ハシビロコウは，ペリカン目に分類されているが，この卵殻構造の違いによっても裏づけられている。

　卵のサイズに関して，ローリーパーク動物園での記録では，90.0 mm × 57.5 mmということで[3]，「しずか」の卵サイズとほぼ等しく，「しずか」の記録内での比較から，30歳以上で産んだ卵でも，サイズが小さくなるということはなかった。

5 繁殖への展望

　ハシビロコウは，その習性上，通常生活の大部分を単独で暮らす鳥だ。そういった鳥の場合，それほど互いの相性というのは問題にならないかと思いきや，ハシビロコウは，個体の相性にかなり敏感な鳥のように思う。以前，当園で，「じっと」と「しずか」をペアリングした際，「じっと」が「しずか」に咬み付いてしまい，「しずか」の

嘴に大きな穴が開いてしまう事態が発生した。

　ハシビロコウの生息地は，南スーダンを中心とした，熱帯アフリカの中央東部の湿地帯であり，アクセスが極めて困難な辺ぴな場所である。そのため，自然史も不明な点が多く，そのカリスマ的な外観とは裏腹に，研究が進んでいない鳥でもある。湿地帯の，高い樹木がほとんどない環境に生息するため，動物園用の個体の捕獲も，鳥体を傷つけずにおこなうには，成鳥ではかなり難しいのではないだろうか。動物園用に輸出される個体は，巣にいる，巣立ち前のヒナを捕獲したものを人工育雛したものであるといわれており，人に対する刷り込み（インプリンティング）が生じてしまう。動物園での繁殖事例が少ないのも，この人に対する刷り込みが一つの可能性のある原因と示唆されている[1]。実際，ハシビロコウは，よく人に慣れる。「しずか」は，同じ飼育係でも，顔などをよく識別していて，担当者には威嚇することはまったくなく，親愛の挨拶行動をするが，同じ作業服を着ていても，他の飼育係には激しく威嚇行動を示す。これまで，海外の動物園で繁殖に成功しているペアは，人に対する刷り込みがない個体であり，一部の動物園は，繁殖を目指し，刷り込みがない野生捕獲の成鳥を意図的に入手している[1]。だが，動物園動物の場合，人に対する慣れは，観覧だけでなく，動物舎の出入りや鳥体の間近でのチェックなど，日常の飼養管理のレベルを上げることができ，これが飼育下での長寿に繋がっている面も無視できない。まだ繁殖事例は数少なく，人に対する刷り込みは，ペアリングの一つの障害であることは事実かもしれないが，数多くのペアリング機会および導入法などの工夫により，克服できる可能性はある。推定年齢30歳以上でも産卵できる生殖寿命の長さは，手助けになってくれるはずだ。ハシビロコウのような希少な種の場合，大部分の動物園が単独またはペアで飼育するのが精一杯

で，多数の個体を同時に飼育できる施設は，現在，ハシビロコウが置かれている野生状況および輸入等に関わる状況の厳しさを考えると，現地の動物園等を除けば，極めて難しいであろう。繁殖には，国際的な動物園同士の連携が極めて重要な種であると思われる。

6 おわりに

卵を産んだということは，繁殖の登山口には立てたのかもしれないが，次世代の個体を得るという頂上までは，多くの難関が待ち受けていることは間違いない。飼育下での産卵事象が少ないのは，栄養に関するものなのか，飼育環境によるものなのか，不明な点は多い。この魅力的な鳥が，動物園の流れ星（シューティングスター）で終わるのではなく，真のスターであり続けるよう，繁殖への手掛かりを早く見つけることが最重要課題である。

[文 献]

1) Muir, A. & King, C. E. Management and husbandry guidelines for Shoebills *Balaeniceps rex* in captivity. *Int Zoo Yearb.* **47**(**1**), 181–189 (2013).

2) Del Hoyo, J., Elliott, A. & Sargatal, J. in Handbook of the Birds of the World (Vol. 1, Ostrich to Ducks), 466–471 (Lynx edicions, Barcelona, 1992).

3) Killmar, L. E. North America's first African Shoebill Stork chick hatches at Tampa's Lowry Park Zoo. *AFA Watchbird.* **37**(**3**), 21–28 (2010).

4) 気象庁. 世界の天候データツール（ClimatView 月統計値）マイアミ〔フロリダ州〕—アメリカ合衆国, 取得日2021年5月4日〈https://www.data.jma.go.jp/cpd/monitor/climatview/graph_mkhtml.php?&n=72202&p=60&s=1&r=0&y=2021&m=3&e=0&k=0&d=0〉

5) Hincke, M. T. *et al.* The eggshell: structure, composition and mineralization. *Front Biosci*, **17**(**1**), 1266–1280 (2012).

6) Mikhailov, K. E. Eggshell structure in the Shoebill and pelecaniform birds: comparison with Hamerkop, herons, ibises, and storks. *Canadian Journal of Zoology.* **73**(**9**), 1754–1770 (1995).

7) 泉徳和・ほか. ダチョウなど平胸小綱Ratitaeの孵化率に及ぼす卵殻および卵殻気孔の影響. 日本ダチョウ・走鳥類研究会誌. **8**, 1–14 (2007).

　ハシビロコウの繁殖には生態に沿った飼育管理・環境が重要な要素となってくる。繁殖生態は不明な点も多いが，繁殖期は通常，雨季の最後の雨 (last rain) の後に始まり[1]，乾季に繁殖し[2]，年間2回の繁殖適期があるといわれている。これに基づき，雨季から乾季に移行する際の雨量や日照時間が繁殖を引き起こしている可能性が考えられている[3]。2023年に①水量，②日照時間の季節変化がハシビロコウの繁殖に適した環境となるか，ペアリング前のお見合いにより繁殖行動に変化が見られるのかを調査した。

仮設の柵越しのお見合いの様子
手前がじっと。(2023年9月11日)

　夜間の小さな光でも鳥類の季節周期に影響する可能性があるといわれている。そのため，遮光シートを寝室の窓に貼り，夜間の人工灯（警備員の巡回時のライトなど）の影響を小さくした。また，冬場のヒーターの灯りの影響を小さくするため，光を発しないヒーターを設置した。放飼前と収容後に寝室内のライトの点灯・消灯をタイマーで制御できるようにすることにより野生下での繁殖期における日照時間に相当する条件とになるように環境を整えた。点灯時間は熱帯地域の雨季と繁殖期の日照時間の差（4〜6時間）を参考[3]に，放飼前3時間（6〜9時）と収容後2時間（16時半〜18時半）

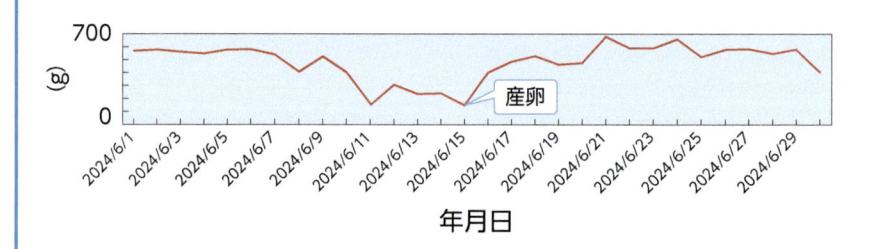

図1　しずかの採食量の推移 (2024年)

表1 しずかの第5卵

産卵日	寸法 (長径×短径) (mm)	重量 (g)
2024年6月15日	86.3×58.9	166.1

水上 恭男
Yasuo Mizukami

千葉市動物公園 飼育第2班
主査

1990年，日本獣医畜産大学農
獣医部卒業。同年4月，東京都
に入職。1991年4月より千葉
市動物公園に勤務。主な担当動
物はアジアゾウ，ニシゴリラ，
レッサーパンダなど。2023年
4月よりハシビロコウを担当。

立山 優里子
Yuriko Tateyama

千葉市動物公園 飼育第2班
技師

千葉県出身。2016年，日本獣
医生命科学大学卒業。2019年
10月千葉市に入庁，動物公園配
属。現在まで動物の診療等に従事。

の合計5時間程度，8月と11〜12月に点灯した。

　7月に展示場に柵を設置し，柵越しのペアリングを
おこなった。当初7〜8月を第1期の繁殖期として想定
していたが，猛暑による影響でメスの食欲，活動性に
減少があったことから，10月にペアリングを実施した。
2023年8月2日〜13日に柵を隔てたお見合い，10月
4日，7日，8日，9日，11日，14日，17日，18日
の8日間でペアリングを実施した。

　その結果，お見合い，ペアリング期間中，オスの営
巣行動が盛んになり，メスに対する威嚇行動の減少が
見られたが，繁殖には結びつかなかった。調査期間外
ではメスの営巣行動も見られたことから，営巣行動は
オスが最初におこない，後にメスが続くことがわかった。

　2024年の6月には6年ぶりとなる産卵（無精卵）が
あったが，これらの環境変化が要因となり得たのかは
定かではない。2024年の産卵では，2018年の産卵時
と同様に，産卵前のごく短期間に食欲の減退が見られ
た（図1）。今回の産卵では，採食量が産卵4日前から
産卵当日まで急に減少した。今回の産卵でも，クラッ
チは1卵であった。

［文 献］

1) Guillet, A. Distribution and conservation of the shoebill (*Balaeniceps rex*) in the southern Sudan. *Biological Conservation* **13**, 39–49 , doi:10.1016/0006-3207 (78) 90017-4 (1978).

2) Buxton, L., Slater, J. & Brown, L. H. The breed-ing behavior of the shoebill or whale-headed stork *Balaeniceps rex* in the Bangweulu Swamps, Zambia. *Eastern African Wildlife Journal* **16**, 201–220 (1978).

3) Berman, L.,Li, D., Shufen, Y., Kennewell, M. & Rheindt, F. Bird breeding season linked to sunshine hours in a marginally seasonal equatorial climate. *Journal of Ornithology* **164**, 125–138 doi:10.1007/s10336-022-02009-9 (2022).

【飼育】

ハシビロコウの繁殖に成功したベルギーのペリダイザ動物園を訪ねて

小松 美和
Miwa Komatsu

公益財団法人 高知県のいち動物
公園協会 主幹・学芸員

愛媛県松山市出身。小学4年生
の時に道後動物園（現，愛媛県
立とべ動物園）にてライオンの
赤ちゃんを抱いた日から飼育員
を目指す。1995年より，高知
県立のいち動物公園にて勤務。
現在ペンギンやウサギ・モル
モットなどを担当。

高知県立のいち動物公園でのハシビロコウの繁殖の
ために，ベルギーのペリダイザ動物園を訪れた。
2008年7月に飼育下にて世界で初めて繁殖に成功
した動物園である。動物園の特徴を紹介しながら，
飼育方法や繁殖について紹介する。

　ペリダイザ動物園へは2016年6月に訪れた。当時は
計5羽（雄2羽，雌3羽）を飼育していた。屋外展示場で
は，2008年に繁殖した雌1羽と別の雄1羽が展示されて

図1
ハシビロコウ展示場前

図2
ハシビロコウの生態や
分布を記した表示

いた（図1～5）。飼育担当者とお話することができた。
ここでの飼育方法は人がまったく介入しないこと，そし
てお見合いは2ヶ月間かけて雌が雄を選ぶ方法を取って
いるということを教えていただいた。
　来園者立ち入り禁止である船の形の建物（図6，7）内
には，冬季休園中にお見合いをする部屋があった。

図3
雌雄2羽が
同居中の様子

図4
高低差のある展示場

図5
展示場内の繁殖した
場所 (木の建物の真下)

　この部屋から展示場へとハシビロコウは出入りできる
ようになっていた。室温30℃，プールの水は26℃と暖
かい部屋で，地面は深さ50 cmのバーク材が敷かれて
おり，足に負担がかからないようになっていた。寝室は

四つに区切られており，この区切られた寝室を2週間ご
とに交換し，どの個体の相性が良いか見極めたのちに屋
外展示で同居させていた（図8）。ディスプレイは毎年4
月の1ヶ月間が頻繁に観察される時期だという。このよ

図6
船の形をした建物

図7
船の建物から
観察できる

図8
お見合いをする場所

うに，部屋を入れ替える方法は，「テリトリーの思い込みをさせないことが鍵」と話していた。

　もう一つ別の場所に予備施設があった。ここでは，人工育雛で育った2008年生まれの子ども達がいた。雄の「マルクブ」と雌の「アブ」だ（**図9**）。世界で初めて動物園で誕生した2羽である。繁殖当時，報道関係者はまったく取材に来ることはなかったと飼育担当者が嘆いておられた。2羽の両親は2007年にペアリングし，初めて産卵した。しかし残念ながら孵化せず，翌年に2回目の産卵があった。2回目の卵は孵卵器に入れ，無事孵化に成功し，その後雛たちは人工育雛された。続いて3回目の産卵があったが一つは破卵し，もう一つの卵は病気であったとのことである。ペアリングがうまくいけば，産卵も続くことがわかったが，残念なことに父親は，船の建物のボヤ騒ぎで死亡していた。飼育担当者は，「日本の全国のハシビロコウを集めてお見合いさせることが可

図9
雄の「マルクブ」（手前）と
雌の「アブ」（右奥）

能なら，きっと繁殖は成功する」と話していた。

　今回の訪問でハシビロコウ2羽が同じ空間で距離は保っていたが，同居し展示されていたのを目の当たりにし，ペアリングがうまくいけば同居は可能だと確信できた。今回学んだことを参考にして当園でできる同居方法を考案していこうと動物園を後にした。

　ベルギー訪問から5年。高知県立のいち動物公園では人との接触をできるだけ避けるために，まず手渡し給餌を中止した。そして見合いを重ね，2020年5月から同居も開始した。繁殖に向けて少しずつ歩みを進めているが，同居の度に雄からの攻撃が度々観察されるので何か良い方法はないかと常に模索している。

　ブリュッセルから南西へ車で1時間ほどの町にペリダイザ動物園はある。アフリカやアジアなどの世界の国々をテーマにして造られおり，動物だけではなくいろいろな国の文化にも触れることができる，テーマパークと動物園が融合したようなところであった（図A）。数年前までは「Paradisio（楽園）」という名前で，この場所は18世紀には修道院に属する農場であったため，現在も敷地内には当時の建物が残っていた（図B）。55ヘクタール（東京ドーム約11個分）もある広大な敷地ではさまざまな動物を間近で見られ，野生の水鳥も堂々と近づいてきて，散歩をしながら動物達に遭遇するといった感じでとても癒された（図C）。

図A　入口ゲート

図B　修道院

図C　野生のカナダガン

図D　巨大スクリーン

図E　園内地図

図F　キリンデッキ

当時訪れた際には2014年から中国より貸与されているジャイアントパンダ（図D）が6月2日に雄の赤ちゃんを出産し賑わっていた。

　園内はアフリカやアジアなど世界の国々をテーマにして庭や村が造られていた（図E）。動物たちと楽しむだけでなく（図F），異国の文化にも触れることができて日本とは違った不思議な感覚で園内を回ることができた（図G～L）。

　斬新なテーマパークのようなこの動物園を1日では回りきれず，3日間通ったが全部を見学することはできなかった。また大人の入園料が約5,000円もするので，現地の人たちは年間パスポートを利用していた。機会があればまた訪れたい，癒やされる素敵な動物園であった。

図G　遺跡のトイレ

図H　アジアゾウの展示場

図I　園内の案内表示

図J　オオカワウソの展示場

図K　トイレの洗面台前にて爬虫類の
　　　バックヤードが観察できる

図L　ミイラの展示

【繁殖】

新しいハシビロコウ展示と繁殖への挑戦
——アジア地域での成功を目指して

佐藤 哲也
Tetsuya Sato

元・神戸どうぶつ王国／
那須どうぶつ王国　園長，
代表取締役

（公社）日本動物園水族館協会 生
物多様性委員会委員長，環境省
ツシマヤマネコ保護増殖検討会
委員，環境省ライチョウ保護増
殖検討会委員，環境省中央環境
審議会臨時委員を務める。野生
動物保全繁殖研究会会長。日本
飼育技術学会副会長。

動かない鳥として知られているハシビロコウは，ア
フリカ原産の大きなクチバシが何とも印象的な大型
の鳥で，動物園でも人気の高い動物である。当園で
は搬入時より繁殖を目指してきたが成果が見られず
手詰まり感があるため，新たな試みとして本種の生
息環境を再現した新展示施設を計画するとともに繁
殖に向けてのさまざまな取り組みをおこなったので
ここに紹介する。

1　はじめに

希少動物の飼育下での
種の保存は動物園の責務
であり[1]，ハシビロコウ
（*Balaeniceps rex*）も例
外ではなく，繁殖に向け
た作業をおこなわなけれ
ばならない。生息地では
開発や水質汚染などの影
響により生息数が減少し

つつあるといわれており，国際自然保護連合International Union for Conservation of Nature（IUCN）のレッドリストのカテゴリーでは危急種（Vulnerable, VU）に分類される絶滅危惧種で[2]，希少な野生動植物の国際的な取引を規制するワシントン条約の附属書Ⅱに掲載されている[3]。

　本種の繁殖の困難さは周知のことであり，これまでの繁殖成功例は，動物園では北米とヨーロッパの2施設に限られ，アジア地域での成功例はない。繁殖阻害要因としては個体間闘争，飼育環境，環境温度，日長，飼育下ストレス，営巣環境，水質，繁殖期，発情条件，行動変化，栄養などが推察される。神戸どうぶつ王国では繁殖の可能性を追求するためにこれらに配慮した環境を再現した展示施設「ハシビロコウ生態園」を新設したほか，飼育管理にも新たな手法を導入することとした。

② 繁殖に向けて

(1) 神戸どうぶつ王国のハシビロコウ

　神戸どうぶつ王国には現在3羽のハシビロコウ（オス1羽，メス2羽）を飼育している。3羽はタンザニアより輸入した個体（2013年2羽，2015年1羽）で，搬入時に虹彩の色が黄色がかった茶色（成鳥は青白色），体重が4kg未満（通常4kg以上）であったことから輸入前年の繁殖個体と思われる。現在の年齢は6〜8歳と推測され，繁殖適齢期にあると思われる。

(2) 新施設「ハシビロコウ生態園」の概要

　これまでの飼育展示環境は入園者が周囲より観覧が可能であるうえ，多くの動物との同居飼育であり，環境温度も寒冷期，冷水期があるなどストレスの多いもので

あった。そのためハシビロコウの繁殖には不適であると思われた。そこで本種の繁殖を目的とした施設「ハシビロコウ生態園」を計画し，2020年11月に着工，2021年4月23日に公開した。ハシビロコウ生態園は旧スイレン池（図1）を改造した屋内施設で，長さ58 m，奥行き16 m，高さ18 m，総面積は928 m^2で3部屋の収容舎が併設されている（図2）。新施設はパピルスなどの植栽や岩場，小川，池などを配した湿地環境で，なるべく生息地環境を再現し，降雨装置，冷暖房，温水，監視カメラが設置されている。なお，この新施設はクラウドファ

図1
旧スイレン池

図2
ハシビロコウ生態園
全景

図3
日陰木の植樹

図4
パピルスの移植

ンディングにより一般の方々からの支援を受けて施工したものである。

(3) 植栽

　新施設を作るにあたり，最も留意した点は植物である。営巣するにも，隠れるにも，避暑にも植物は鳥類の飼育環境には必須である（図3）。ハシビロコウには湿地環境が必要であり，新施設には**湿生植物**[*]，**抽水植物**[*]，**浮葉植物**[*]を中心に50種496本を植栽し，特にパピルス（*Cyperus papyrus*）は本種の分布とも重なっていることから因果関係は不明なものの重要な要素と考えて250株を移植した（図4）。

用語解説

【湿性植物】
湿地や湿原などの水辺など湿潤地に自生する植物。

【抽水植物】
水深0.5〜1 m程度の水中に自生する植物。水底部に根を張り，茎や葉の一部が水面から出ている植物。挺水（ていすい）植物ともいう。

【浮葉植物】
水深1〜2 m程度の水中に自生する植物。水底部に根を張り，水面に花や葉を浮かせる。水面が静かな池沼に見られる。

⑷ 湿地

　湿地は約400 m²の池と池に流れ込む小川からなり，最深部が約50 cm，最浅部が約10 cmで緩やかな水の流れがあるほか，水位調整ができる。パピルスの繁茂や主食となる**アフリカハイギョ***類の適水温が25℃前後であることから湿地の水温は温水器で加温して冬季でも20℃以上を維持するようにし，寒冷期の冷水温を回避している。

⑸ 温度環境

　生息地の中央アフリカは赤道付近であり，地域によっては気候の違いがあるものの，概ね年間を通じて気温の変化はあまり見られず，寒冷ストレスはないものと思われる。そのため新施設は15～30℃の環境温度とした。

⑹ 湿度環境

　新施設は水面積が広く乾燥状態にはならないが，降水器を設置して雨季の再現を図っている。降水器は一回20分一日6回まで降雨ができ，観客通路以外の放飼場全域をカバーしている。雨季は本種の繁殖に影響する可能性が示唆されているが，どのように降雨時期，降雨期間，降雨量を調整するかが今後の課題である。また，生息地では雨季，乾季が繰り返されることから，水位調整機能を利用した乾季の再現も繁殖行動の誘引として検討すべきと考えている。

⑺ 光周性

　光周性は繁殖活動，渡り，換羽などに影響を与え，日長の情報は，鳥類においては多くの温帯寒帯鳥類のように長日が繁殖の条件となっている。生息地の日長時間はほぼ12時間で日長が繁殖の条件とは考えにくいが，収容舎にも屋根を付けず日の出と日の入りを感じられるよ

うにしている。新施設は照明での日長時間の調節が可能なので，生息地の日長を再現することができるため，その利用も視野に入れている。

図5
**巣材を運ぶ
ハシビロコウ**

⑻ 営巣環境

　ハシビロコウは湿地のさまざまな環境に営巣することから，新施設には場所（池の中，池の縁，クリーク横），高さ（地面から50 cm），広さ（直径1〜2 m），巣材（笹や木の枝）などの条件の異なる巣台を3ヵ所設置した。さらに周辺には巣材となるような小枝や笹を置いたり，植物を植えたりして3ヵ所の巣台から選択して利用できるようにしている。初放飼後30日ごろにはオス，メスともに選択した巣台は異なるものの巣材を運ぶ行動が見られている（図5）。

図6
自由飛翔する
2羽のハシビロコウ

⑼ ストレスの緩和

さまざまなストレスが動物の繁殖にネガティブな影響を与えることは知られているが，新施設ではこれまでハシビロコウにストレスを与えていたと思われるアフリカハゲコウ，モモイロペリカン，フラミンゴ，ワオキツネザルなどの同居動物を排し，ベニハチクイ，シロクロケリなどの小型でかつ同じ生息地に分布する小型鳥類のみの同居展示とした。入園者の観覧は施設片側の通路のみに限定し，ハシビロコウの生活域に物理的に近づくことができないよう設計している。仮にストレスを感じても自由飛翔が可能なので（図6），容易に移動したり植栽に隠れたりすることができる作りになっている。ハシビロコウと同じストレス環境下で飼育されていたシロクロケリは，以前の環境では繁殖が見られなかったが，新施設移動後に初めての自然繁殖が確認された。

⑽ 個体間闘争

　ハシビロコウの管理や繁殖にとって最も障害となるのは個体間の闘争である。本種は通常単独生活者でテリトリーを持ち，繁殖期のみペアリングする。繁殖期以外は雌雄とも他個体の接近を許さず，接近時には大きな闘争に発展することがある。特にオスの攻撃は激しく，攻撃された経験を持つメスは常にオスの動向を警戒している。新施設は面積が広いため個体間の距離はある程度確保できるものの，時には闘争が見られ，収容舎でのお見合いによる順化，メスへの攻撃を減らすためのオスの部分切羽（飛翔は可能）を試みているが著変は見られていない。現在飼育している3羽の相性を見てペア管理に移行する予定ではあるが，見極めは大変困難で繁殖期の性格変容に期待している状況である。新施設での飼育は始まったばかりであり，時折おじぎ行動（図7），クラッタリング（嘴を叩き合わせて音を出す行動），首振りなどの行動が見られていることから今後の変化に期待したい。

図7
**おじぎ行動をする
ハシビロコウ**
（左側の個体）

⑾ 栄養

　1日の給餌内容はニジマス150 g，オスシシャモ200 g
に大型水禽用サプリメントを添加して一日一回夕刻に給
餌桶から給餌し，オスは体重6 kg前後，メスは体重5kg
前後を維持できるように調整している。生息地では，ハ
イギョ・ナマズ類・ティラピア等の魚類や小動物を捕食
しているといわれていることから，新施設の湿地内には
ナマズ・ティラピア・コイ・ドジョウが放されており，
生息地と同じように狩りをして捕食することが可能であ
る。実際に狩りをおこない成功する場面も頻回に見られ
ている。今のところ狩りに成功するのはナマズのみであ
るが（図8），ナマズはビタミンE，ビタミンB12，オメ
ガ3オイルが豊富で栄養価が高く，繁殖への効果も期待
できる。可能であれば同種間の交流を阻害するといわれ
ている人への馴化を回避するためにも，野生生活と同様
に栄養を狩りに依存させる飼育管理に変えていきたい。

図8
**ナマズを捕食した
ハシビロコウ**

⑿ 健康管理

飼育開始から現在までに見られた主な疾病は闘争による外傷，趾瘤症（足裏に起こる皮膚および皮下組織の異常）で比較的丈夫な種であると思われるが，健康管理のための血液検査，生魚，活魚を給餌していることから定期的な糞便検査，**アスペルギルス**[*]に感受性が高いといわれていることから換気の徹底をおこなう必要がある。

趾瘤症は陸上での生活時間が長い鳥類では大きな問題であるため，接地面には配慮が必要である。特に収容舎内の床面は人工芝，フェルトマット，新しい乾牧草などの柔らかい素材を準備しなければならない。グループ施設の那須どうぶつ王国において2018年8月にオス1羽が死亡したが，剖検所見に著変がないこと，採食も良好であったこと，直前まで元気であったこと，自由飛翔が可能であったことから飛翔時の激突が推察されるが現認者はいない。

⒀ さらなる研究へ

現在は繁殖生理の解明のために糞中の性ホルモン動態の解析を岐阜大学応用生物科学部動物繁殖学研究室と連携しておこなっている（p.146【繁殖生理】の項を参照）。今後は，監視モニターや**活動量計**[*]による**行動量の変化**[*]，落羽の調査による換羽期の同定を加えて繁殖期の解明をおこなうほか，糞中のストレスホルモンの変化などの調査もおこなう予定である。まずは，自然繁殖を目指していくが，繁殖補助技術を用いての配偶子保存（**図9**）やツル類，コウノトリ類を参考にした人工授精も視野に入れている。

図10は体サイズ感が近く比較的近縁なアフリカハゲコウの尾羽に活動量計を試験的に取り付けたもので，問題がなければ今年度冬季の短日期からハシビロコウの尾羽に取り付けて活動量の変化を記録する予定である。

図9
配偶子を保存した
液体窒素ボンベ

図10
活動量計を取り付けた
アフリカハゲコウの尾羽

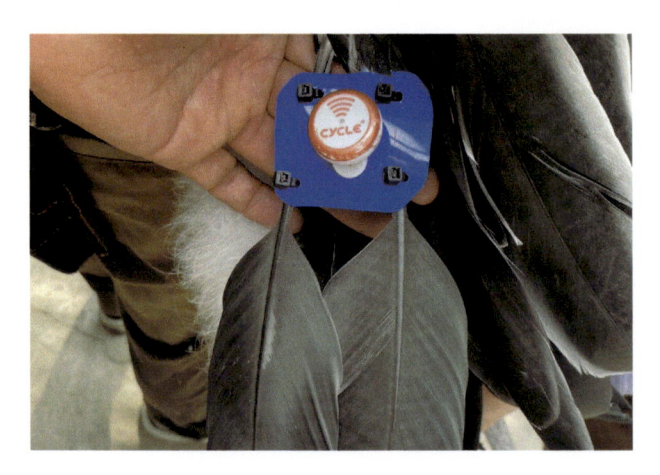

3 ハシビロコウの生息域外保全について

　ハシビロコウの生息地での状況は情報が不足している
が，気候変動による降雨量の減少や無秩序な農牧業によ
る農地拡大，人口増大に伴う土地開発，紛争ほかさまざ
まな人間活動の影響を受けて湿地減少など生息地の荒廃
が見られる。このことから良好な保全状態とはいえず，
むしろアフリカの多くの野生動物同様に危機的であり，
生息域外保全[*] は必須であると思われる。生息域外保全
に資するためにも飼育下での本種の飼育繁殖技術の開発

や保険個体群の創出などの生息域外保全活動は急務かつ
責務である。そのための繁殖阻害要因の究明や繁殖生理，
行動，栄養，疾病などの研究はもちろんのこと，繁殖に
適した組み合わせを考えれば国内外の飼育下個体の移動
など施設間連携も今後は検討しなければならない。本種
のライフスパンは比較的長く，鳥類の繁殖可能期間は長
いことから一見時間はあるように思えるが，国内での飼
育開始から現在までの経過と現状を考えれば残された時
間はそう長くない。

[文 献]

1) 公益社団法人動物園水族館協会.（公社）日本動物園水族館協会の4つの役割, Viewed 2021/06/22
〈https://www.jaza.jp/about-jaza/four-objectives〉(2021).

2) IUCN2021 The IUCN Red List of Threatened Species2018: e.T22697583A133840708.,
Viewed 2021/07/09 〈https://dx.doi.org/10.2305/IUCN.UK.2018-2.RLTS.
T22697583A133840708.en〉(2021).

3) 経済産業省. ワシントン条約付属書（動物界）, Viewed 2021/ 06/22 〈https://www.meti.go.jp/policy/
external_economy/trade_control/02_exandim/06_washington/cites_about.html〉(2021).

金原 弘武
Hiromu Kimpara

岐阜大学大学院 連合農学研究科
博士後期課程

岐阜大学応用生物科学部生産環
境科学課程卒業，同大学院自然
科学技術研究科（修士課程）を修
了し，現在，岐阜大学大学院連
合農学研究科（博士後期課程）に
在籍しながら，京都市動物園生
き物・学び・研究センターに勤務。
専門分野は動物保全繁殖学。

楠田 哲士
Satoshi Kusuda

岐阜大学 応用生物科学部 教授／
東京動物園協会 保全パートナー

日本大学生物資源科学部卒業，
岐阜大学大学院連合農学研究科
修了。多摩動物公園臨時職員，
日本学術振興会 特別研究員，
2008年から岐阜大学応用生物
科学部。専門分野は，動物保全
繁殖学，動物園学。日本動物園
水族館協会生物多様性委員会 外
部委員，日本野生動物医学会 理
事，動物園水族館繁殖研究アラ
イアンス 代表，岐阜大学 応用動
物科学コース 動物園生物学研究
センター長。主な著書に，神の
鳥ライチョウの生態と保全（編著，
緑書房，2020），動物園学入門
（分担執筆，朝倉書店，2014）。

【繁殖生理】

ハシビロコウの飼育下繁殖にむけた繁殖生理解明への挑戦

アフリカの熱帯に生息するハシビロコウは，飼育下繁殖が極めて難しく，繁殖成功例は世界でも数例しかない。しかし，飼育下繁殖の基盤となる繁殖生理学に関する知見は本種ではまったくない。ハシビロコウの野生での生態と生息環境を再確認しながら，本種の繁殖生理の研究における現状と今後の展望について紹介したい。

1 ハシビロコウの繁殖生態

　ハシビロコウの生息地はアフリカで，赤道を南北にまたぐ南スーダンからザンビア北部である（図1)[1]。赤道より北側に位置する南スーダンの湿地帯（6〜10°N）に生息するハシビロコウでは，生息地域によって異なるが，産卵は主に雨期終わりの10月から翌年の1月に見られる（図1，A地域)[2,3]。赤道付近に位置するタンザニアのマラガラシ−マヨボッチ湿地（3〜5°S）に生息するハシビロコウは，1〜8月に産卵が確認されており，他の地域より産卵時期が長期間にわたる（図1，B地域)[4]。赤

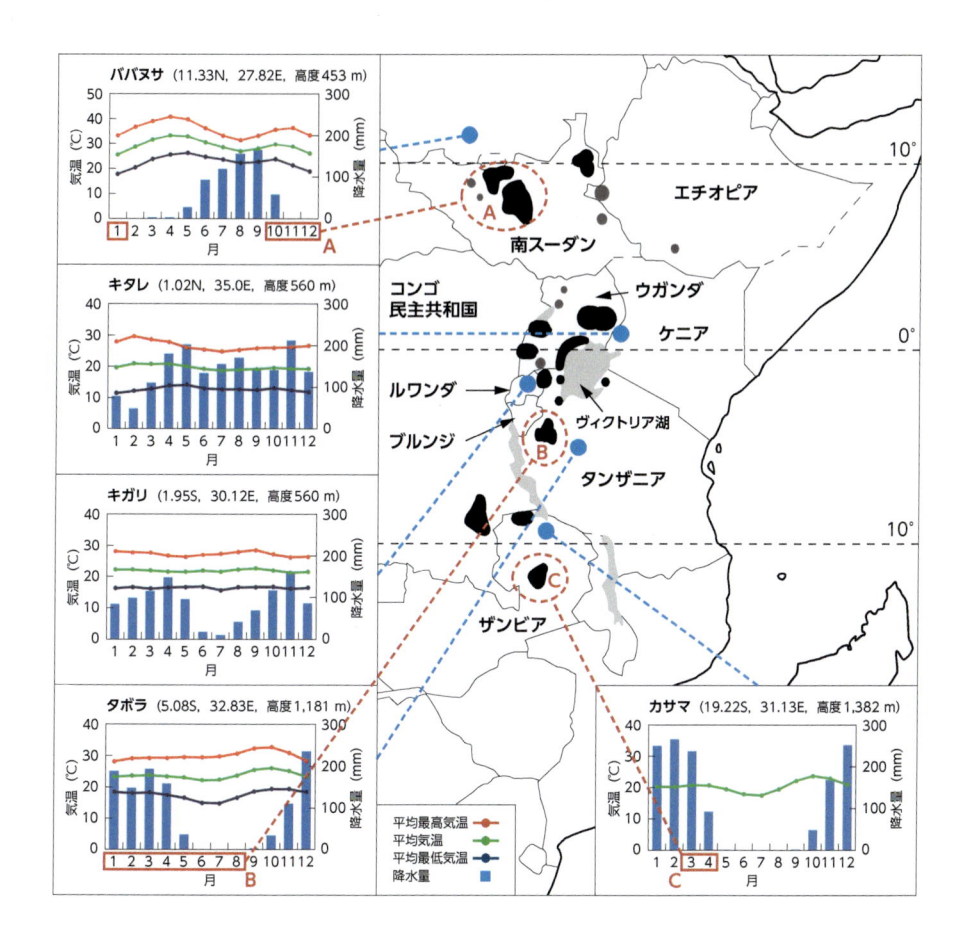

図1

ハシビロコウの生息地とその周辺地域の気象

道より南側に位置するザンビアのバングウェウル湖周辺（約11°S）に生息するハシビロコウは，雨期の終わりである4月初旬から5月に産卵が見られている（図1，C地域）。ここでは孵化から約3ヵ月後，次の雨期が来る前には雛は巣立つ[3]。繁殖時期は緯度によって異なるが，赤道に近いほど長くなる緯度勾配が存在する可能性がある。

　繁殖期にはつがいを形成し，その際に特徴的な行動が見られる。まず，雄が雌の巣にゆっくり近づくと，雌が頭を下げ，雄は雌の首の上に自身の首を重ねるように頭を下げる[3]。その後，嘴を鳴らすクラッタリングや頭を

地図はDodman (2013)[1]の図を一部改変。黒塗りの部分はハシビロコウの主な生息地を示す。各グラフ中の枠囲みの月は，各生息地で産卵が見られた期間を示す [A：Guillet (1978)[2]，Buxton *et al.* (1978)[3]，B：John *et al.* (2012)[4]，C：Buxton *et al.* (1978)[3]]。各地点の気温と降水量のデータは，気象庁の世界の天候データツール[5]より。

上下に動かすお辞儀を，雌雄が互いにおこなう[3]。クラッタリングやお辞儀といった行動は，巣作りの際にも見られる[3][6]。巣は湿地内の水深が約1 mで周りを背の高い植物に囲まれた場所に作られ，巣の大きさは直径1 mほどである[2][3][4]。湿地内に巣を作るのは，ヘビ類や猛禽類などの外敵から雛を守るためと考えられている[4][7]。また，産卵のための巣作りの開始や，営巣期間中に外敵から身を守れるかどうかは，湿地の水位に強く影響を受けると考えられている[4]。

2 ハシビロコウの飼育下繁殖の現状

ハシビロコウは飼育下での繁殖が極めて難しい鳥類の一種である。本種の飼育下での繁殖成功例は極めて少なく，孵化どころか産卵すらもほとんど見られない (本書の「ハシビロコウの生物学と保全 ――特集企画に際して」の項を参照)。これまでに，動物園としてはベルギーでの2例 (2008年)とアメリカでの1例 (2009年) のみしか孵化例が報告されていない[6]。繁殖に成功したアメリカのタンパローリーパーク動物園の例[6]では，雌雄1ペアで飼育されていたハシビロコウについて，2009年7〜8月ごろから巣作り行動が見られており，2009年9月29日と10月2日に交尾が確認され，2009年10月3日に1個目を産卵した。その後，1個目の卵は10月13日に破卵したが，その卵を取り除いた直後から交尾が確認され，2009年11月11日に2個目を産卵した。2個目の卵は45日後の2009年12月26日に孵化した。その後，雌は2012年までに5個の卵を産んでいるが，すべて無精卵であったと報告されている。産卵は9月26日〜翌年3月7日の間に見られている。この時期は，動物園のあるフロリダ州では雨期 (7〜9月) の後である (図2)。

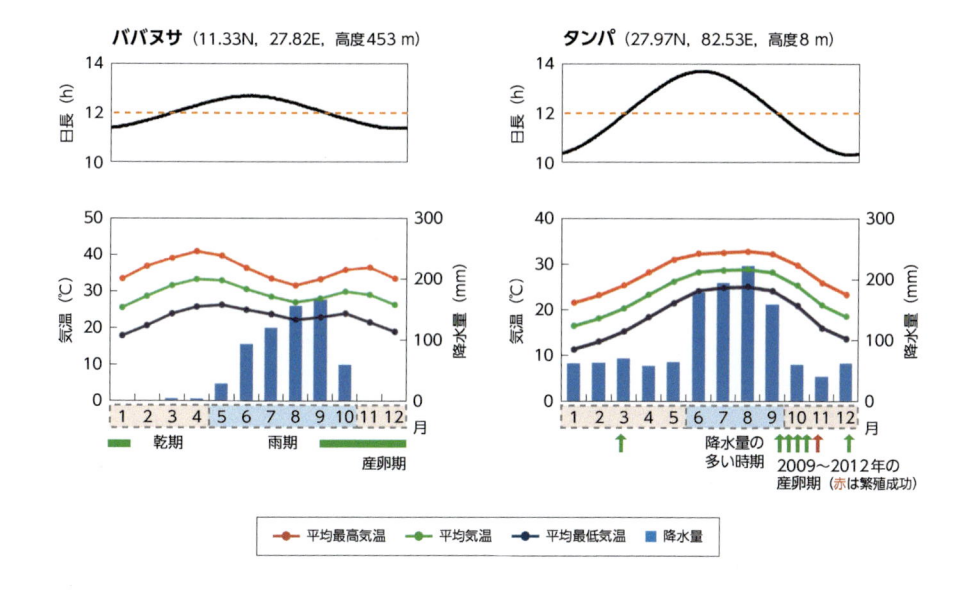

ババヌサ (11.33N, 27.82E, 高度453 m)

タンパ (27.97N, 82.53E, 高度8 m)

乾期　雨期　産卵期

降水量の多い時期　2009〜2012年の産卵期 (赤は繁殖成功)

● 平均最高気温　● 平均気温　● 平均最低気温　■ 降水量

日本では千葉市動物公園で産卵例はあるが無精卵であり孵化には至っていない (本書の「日本の動物園におけるハシビロコウの産卵事例」の項を参照)。

3 温帯性鳥類の繁殖生理と熱帯性鳥類の繁殖生理の特徴

　温帯性の鳥類は，光周期により繁殖活動が制御されており，日長あるいは明暗の変化に伴い生殖腺のサイズや機能が大きく変化することが知られている。これにより，年間の繁殖周期すなわち繁殖季節が維持されている。このような繁殖活動の仕組みは，基本的に脊椎動物に共通のもので，主として視床下部−脳下垂体−生殖腺 (精巣，卵巣) 系の内分泌 (ホルモン) によって調節されている。この内分泌系を動かす要素となる光は，哺乳類では，眼の網膜が唯一の受容器官であるが，鳥類では網膜以外に松果体や脳深部にも光受容器があることが知られている[9]。

図2
ハシビロコウの生息国の一つである南スーダンの隣国スーダンのババヌサと飼育下繁殖に成功したタンパローリーパーク動物園のあるタンパ (アメリカ・フロリダ州) **の日長，気温および降水量**

繁殖情報はGuillet (1978)[2]，Buxton *et al.* (1978)[3] とTomita *et al.* (2014)[6]より。気温と降水量のデータは，気象庁の世界の天候データツール[5]より。日長は国立天文台の暦計算室[8]より計算。

長日繁殖の鳥類では，光刺激を受けると，視床下部から生殖腺刺激ホルモン放出ホルモン（GnRH）が分泌され，脳下垂体前葉からの生殖腺刺激ホルモン（GTH）である卵胞刺激ホルモン（FSH）や黄体形成ホルモン（LH）の分泌が促される。これにより雌では卵巣から主にエストラジオール-17βやプロジェステロンが産生・分泌されて卵胞発育や排卵，卵形成が，また雄では精巣からテストステロンが産生・分泌されて精子形成や性行動などが調節されている。熱帯に生息するスグロホシアリドリ（*Hylophylax naevioides*）[10]やシマキンパラ（*Lonchura punctulata*）[11]などの鳥類でも，熱帯のわずかな日長の変化に反応して，生殖腺が活発化することが報告されている。

熱帯性鳥類の繁殖生理は，温帯性鳥類と比較するとほとんど研究が進んでいないが，雄のテストステロン濃度の種間比較研究により，熱帯性鳥類の繁殖生理には，いくつかの特徴があることが分かっている。まず雄の繁殖期中のテストステロン濃度は，繁殖期が長いほど低くなる傾向がある[12]。同時に，熱帯性鳥類の繁殖時期は，温帯性鳥類より長い傾向があることから，テストステロン濃度は温帯性鳥類より熱帯性鳥類の方が低い傾向がある[12]。ただし，熱帯性鳥類の中でも繁殖時期が短い種ではテストステロン濃度は温帯性鳥類と同等の濃度になる[12]。また，熱帯性鳥類は温帯性鳥類より[13]，熱帯性鳥類の中でも環境の年内・年間変動が大きい地域に生息する種は変動が小さい地域に生息する種より[14]，日長以外の外部環境の変化に敏感に反応して生殖腺が活発化することが示唆されている。熱帯の中でも降水量や餌の年内・年間変動が大きい環境の場合，熱帯の緩やかな日長の変化だけでは，鳥類が環境変化を予測し繁殖時期を調節することが難しいとされる。そのため，日長以外の環境因子が繁殖生理を変化させている可能性がある。しかし，こ

のような生理学的なメカニズムはまったく解明されていない。このことは，ハシビロコウの繁殖生理研究においても着目すべき点であり，繁殖へのスイッチとして重要であると思われる。

■4 鳥類の繁殖生理の研究法と
　ハシビロコウの繁殖生理研究の試み

　先に述べたように，繁殖に関わる現象は主に視床下部－脳下垂体－生殖腺（精巣，卵巣）系の内分泌（ホルモン）ホルモンにより制御されているため，繁殖生理研究ではしばしば，対象動物のホルモン測定がおこなわれる。特に血液中のホルモン濃度は，採血時の内分泌状態を反映する。しかし生体からの採血には捕獲や保定，ときに麻酔が必要であり，動物へのストレスになる。そのため，血液の代替として糞を用いたホルモン濃度の測定がおこなわれている。これらの情報と，環境，行動，外部形態，体重の変化などの情報を組み合わせることで，非侵襲的に繁殖生理状態を把握できると考えられる。ただし，鳥類のステロイドホルモンの代謝・排泄速度は数時間以内であり[15)16)]，多くの哺乳類の1〜2日程度に比べて非常に速いことから，糞を採取するタイミングを厳密に管理する必要があると考えられる。

　ハシビロコウにおいても，糞中のホルモン濃度測定により，繁殖生理の解明を目指す共同研究を，これまでに千葉市動物公園，恩賜上野動物園，那須どうぶつ王国，神戸どうぶつ王国，高知県立のいち動物公園と実施してきた。

　たとえば，神戸どうぶつ王国と那須どうぶつ王国間では，雌雄各2羽 (当時) のハシビロコウの移動を複数回おこない，繁殖が試みられてきた。私たち岐阜大学動物保

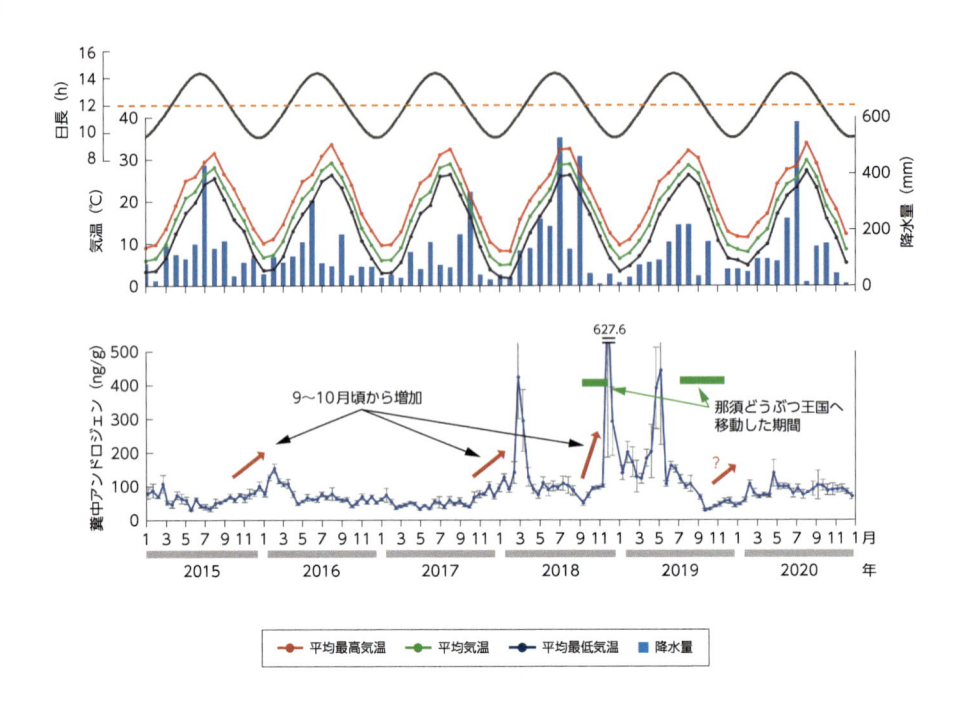

図3
神戸どうぶつ王国のある神戸市の日長, 気温および降水量とハシビロコウの雄ボンゴの糞中アンドロジェン濃度の動態

各地点の気温と降水量のデータは, 気象庁の過去の気象データ検索[17]より。日長は国立天文台暦計算室[8]より計算。

全繁殖学研究室は, どうぶつ王国との共同研究を通して, 雌雄ハシビロコウの糞中の性ステロイドホルモン濃度を測定することで, 本種の繁殖生理状態の変化を追跡し続けている。その1例として, 王国間の移動がおこなわれた雄1羽のアンドロジェン濃度の糞中動態を図3に示す。糞中アンドロジェン濃度は, 9〜10月ごろから増加し始め, 翌年4月以降に減少する傾向が見られたが, 増加していない年もある。また, 濃度や増加期間も一定ではない。同様に雌個体においても, 明確な1年の性ステロイドホルモンの周期性は見られていない。この不安定さは, ハシビロコウが熱帯性鳥類であり, 日長以外の外部環境変化に敏感であることが要因であるとも考えられる。

　生息地であるアフリカの南スーダン, ウガンダ, タンザニア, ザンビアなどは, 赤道直下であるため年間を通して高い平均気温を維持している一方, 雨期と乾期がはっ

きりしており降水量は大きく変化する。ハシビロコウの繁殖期は，湿地や湖沼の水位が最適になり営巣環境が整う雨期の終わりと関連があることが報告されている[3][4]。また，生息国付近の日長（例：南スーダン隣国のスーダン，図2）と比較すると，本種は短日繁殖動物の可能性もあるが，日長の変化がどの程度，生殖腺活動を刺激するかは不明である。飼育下繁殖に成功したアメリカ・フロリダ州のタンパは，年間を通して温暖（温暖湿潤気候）で，降水量の変化も大きく，生息国の環境と比較的似ている（図2）。それに対して，日本では梅雨や台風の時期に降雨が多くなるものの年間を通して降水量変化にそれほどメリハリがない（図3）。さらに，梅雨明け後は夏であり短日条件ではなく，台風後の秋には短日条件であるものの気温が低下する時期にあたる（図3）。このように，生息地や繁殖成功例のあるタンパとは大きく異なる日本の日長，気温や降水量変化とそれらの相互バランスが，繁殖が成功しない要因になっている可能性も考えられる。

5 今後の飼育下繁殖にむけて

　外国原産の鳥種は，日本の屋外でも四季に順応して，繁殖に成功する場合が多い（卵質や孵化率などは置いておいたとしても，とりあえず繁殖はしている）。動物園において，年間を通して環境条件をある程度制御した飼育がおこなわれている鳥類は，ライチョウのほか，極地棲のペンギン類やウミスズメ科，熱帯棲の小型鳥類やサイチョウ・オオハシ類など一部の種である。

　ハシビロコウは，日本では屋外飼育されている例がほとんどであり，ここまで繁殖しないのは日長や気温といった基本的な環境条件との関連を改めて考え直す必要があると思われる。ハシビロコウは単独生活者であり，

また攻撃性が高い個体も多いため，雌雄の同居の難しさや相性の問題もあるが，それだけで片づけることはできない。基本に立ち戻って，飼育環境条件を再設定する必要があるのではないかと感じている。栄養その他の条件も当然見直す必要はあり，また雨期・乾期といった劇的な環境変動はそこに生息する餌生物の栄養状態にも影響しているはずである。少なくとも，これまでと変わらぬ環境条件では繁殖に成功する可能性は非常に低いと思われる。そして，環境条件の変更に対して，生理状態がどのように反応するのかを，糞中の性ホルモン濃度動態などから裏づけておき，その結果からさらに適切な生理状態を導く環境条件を模索していくことが重要である。

[謝 辞]

本稿の内容は，ハシビロコウを飼育する各動物園との共同研究の一部であり，また私たち動物保全繁殖学研究室のこれまでの学生（卒業生）も多く携わってきた。本書の「日本全国のハシビロコウに会いに」の項を執筆した鈴木詩織もその一人である。関係の動物園の皆様や学生諸氏に感謝の意を表する。

[文 献]

1) Dodman, T. International Single Species Action Plan for the Conservation of the Shoebill *Balaeniceps rex*. AWEA Technical Series No. 51. Bonn, Germany (2013).

2) Guillet, A. Distribution and conservation of the shoebill (*Balaeniceps rex*) in the Southern. *Biological Conservation* **13**, 39–49 (1978).

3) Buxton, L., Slater, J., & Brown, L. H. The breeding behavior the shoebill or whale-headed stork *Balaeniceps rex* in the Bangweulu Swamps, *Zambia. African Journal of Ecology* **16**, 201–210 (1978).

4) John, J. R. M., Nahonyo, C. L., Lee, W. S., & Msuya, C. A. Observations on nesting of shoebill *Balaeniceps rex* and wattled crane *Bugeranus carunculatus* in Malagarasi wetlands, western Tanzania. *African Journal of Ecology* **51**, 184–187 (2012).

5) 気象庁.世界の天候データツール，閲覧日2021年5月10日・〈https://www.data.jma.go.jp/gmd/cpd/monitor/climatview/frame.php〉.

6) Tomita, J. A., Killmar, L. E., Ball, R., Rottman, L. A., & Kowitz, M. Challenges and successes in the propagation of the Shoebill *Balaeniceps rex*: with detailed observations from Tampa's Lowry Park Zoo, Florida. *International Zoo Yearbook* **48**, 69–82 (2014).

7) Mullers, R. H., & Reid, C. Excitement and predation at Shoebill nests. *Biodiversity Observations*, 349–354 (2014).

8) 国立天文台. こよみの計算—国立天文台暦計算室. 閲覧日2021年5月10日〈https://eco.mtk.nao.ac.jp/cgi-bin/koyomi/koyomix.cgi〉.

9) 山村崇, 安尾しのぶ, 中尾暢宏, 海老原史樹文, & 吉村崇. 生物はいかにして季節を読み取っているか?: 春を知らせる甲状腺ホルモン. 化学と生物 43, 172–176 (2005).

10) Hau, M., Wikelski, M., & Wingfield, J. C. A neotropical forest bird can measure the slight changes in tropical photoperiod. *Proceedings of the Royal Society of London. Series B: Biological Sciences* **265**, 89–95 (1998).

11) Chandola-Saklani, A., Thapliyal, A., Negi, K., Diyundi, S. C., & Choudhary, B. Daily increments of light hours near vernal equinox synchronize circannual testicular cycle of tropical spotted munia. *Chronobiology International,* **21**, 553–569 (2004).

12) Goymann, W. *et al.* Testosterone in tropical birds: effects of environmental and social factors. *The American Naturalist* **164**, 327–334 (2004).

13) Hau, M. Timing of breeding in variable environments: tropical birds as model systems. *Hormones and Behavior* **40**, 281–290 (2001).

14) Wikelski, M., Hau, M., & Wingfield, J. C. Seasonality of reproduction in a neotropical rain forest bird. *Ecology* **81**, 2458–2472 (2000).

15) Holmes, W. N., Bradley, E. L., Helton, E. D., & Chan, M. Y. The distribution and metabolism of corticosterone in birds. *General and Comparative Endocrinology* **3**, 266–278 (1972).

16) Tell, L. A. Excretion and metabolic fate of radiolabeled estradiol and testosterone in the cockatiel (*Nymphicus hollandicus*). *Zoo Biology* **16**, 505–518. (1997).

17) 気象庁. 過去の気象データ検索, 閲覧日2021年5月10日〈https://www.data.jma.go.jp/obd/stats/etrn/index.php〉.

【保全】

ウガンダ野生生物保全教育センターにおけるハシビロコウの保全活動
——生息地の動物園が果たす役割

長倉 かすみ
Kasumi Nagakura

公益財団法人 横浜市緑の協会
動物園部金沢動物園 園長

1999年，神奈川県より助成を受け，欧州80ヵ所の動物園・水族館の教育活動を調査，翌年，公益財団法人横浜市緑の協会に入職，よこはま動物園ズーラシアなどに勤務し，2024年より現職。JICA草の根技術協力事業「ウガンダ野生生物保全事業」プロジェクトマネージャー（2011-2018），世界動物園水族館協会倫理と動物福祉委員（2016–）。主な著書に，博物館教育論（分担執筆，ぎょうせい，2012），動物園学入門（分担執筆，朝倉書店，2014）。

ウガンダ共和国では，野生動物の保全を目的とする国内唯一の動物園であるウガンダ野生生物保全教育センターがハシビロコウの保全活動に取り組んでいる。教育活動やハシビロコウが生息する地域と協働した保全活動に精力的に取り組む一方，資金や技術不足による課題が多いのが現状である。このため，日本の動物園として，どのように現地での保全を支援していくことができるのか，ともに考えていく必要がある。

1 はじめに

ウガンダ共和国は，アフリカ最大の湖「ビクトリア湖」を有する水と緑が豊かな国で，野生生物が多く生息している。貴重な野生生物を守るため，国内には，国立公園が10ヵ所あり，国の野生生物局が管轄している。一方，野生動物の保全を目的とする動物園は，ウガンダ共和国を含む東アフリカ共同体で唯一の公立動物園である「**ウ**

ガンダ野生生物保全教育センター[＊]：Uganda Wildlife Conservation Education Centre（UWEC）」しかない。飼育動物の多くが，違法取引で押収された動物や密猟などの影響により孤児となり，保護された動物である。UWECのハシビロコウも地域で保護され，動物園にやってきた。

UWECが初めて
野生復帰に成功した
ハシビロコウ

② UWECの役割

　地球規模で人々の心を動かしていく野生生物保全教育センターを将来構想として掲げるUWECは，国内唯一の動物園として，違法取引で押収された動物や生息地の破壊や密猟などにより負傷した動物，孤児となった動物を保護するほか，これらの動物を中心にした繁殖計画に参画し，アフリカの希少動物の保全に取り組んでいる。

　ウガンダに暮らしているからといって，誰もが野生動物を見たことがあるわけではない。国立公園に気軽に近隣住民が立ち入ることはできない。また，国立公園でなくて

用語解説

【ウガンダ野生生物保全教育センター】
ウガンダ共和国の国際空港のあるエンテベ市に位置する動物園。ウガンダ唯一の野生動物の保全を目的とする動物園で，敷地面積約29ヘクタール，飼育動物約50種250点，2023/2024年度の年間来園者約61万人。

も，危険な動物がいるエリアにはむやみに近づくこともできない。地域の文化によっては，野生動物の誤った知識が広まり，野生動物が忌み嫌われている場合もある。このためUWECは，野生動物との共生に向けた啓発活動をおこない，野生動物と共存できる社会の構築に貢献している。この社会の実現のために，動物園内での活動だけでなく，学校や地域コミュニティへの移動動物園による教育活動や，動物園バスで地域コミュニティの人々を迎えに行き，動物園で動物を観察しながら，動物の正しい知識や動物との関わり方についての教育活動をおこなっている。新型コロナウィルスの感染が拡大する前の2019年のUWECのアウトリーチ活動には50万人もの人々が参加した。これは，ウガンダ国民の1.25％に相当する。

このほか，地域コミュニティと連携した生息地保全プロジェクトや密猟撲滅のための地域コミュニティ支援など，多角的な事業に取り組んでいる。UWECは，野生動物保全とともに，国民の生活を守るため，地域とその動物の架け橋となるよう，日々奔走しているのである。

3 ウガンダのハシビロコウとUWECの活動

UWECが保全に力を入れている種の一つがハシビロコウである。野生下のハシビロコウの生息数は，5,000～8,000羽と推定されている[1]。ウガンダ共和国にはその2％程度である100～150羽が生息しているといわれる[1]。ウガンダにおけるハシビロコウの主な生息地は，マカナガ湿地，マバンバ湿地，クイーンエリザベス国立公園，ビシナ湖，オペタ湖，マーチソンフォールズ国立公園である（図1）。

野生のハシビロコウは多くの脅威にさらされている。特にウガンダでは，急激な人口増加の影響で，ハシビロ

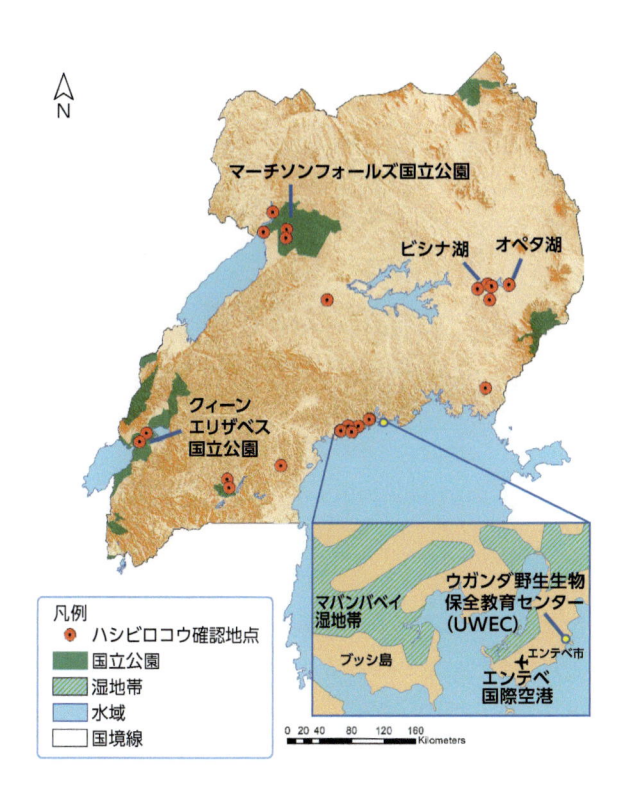

図1
ウガンダ共和国における
ハシビロコウの分布

コウの生息地である湿地が開発されたことにより，湿地の劣化や汚染が引き起こされ，生息地が減少していることが個体数減少の大きな要因となっている。このような状況の中で，UWECにおけるハシビロコウの保全は，野生個体のレスキュー，動物園での展示を通じた教育活動，飼育下ハシビロコウの血統管理および地域と連携した生息地の保全を効果的に連動させておこなわれている。

4 野生個体のレスキュー

UWECが初めてハシビロコウを保護したのは，1970年に違法取引で押収されたハシビロコウだった。その後，

図2 UWECによるマバンバ湿地の放鳥場所へのハシビロコウの輸送

図3 UWECの飼育個体「Sushi」

現在までに10羽以上のハシビロコウを保護し，野生復帰に取り組んでいる。UWECが保護したハシビロコウの多くは，ウガンダ中央部ワキソ県にあるマバンバ湿地とマカナガ湿地，ソロティ県にあるオペタ湖とビシナ湖から救出されたものである。野生で衰弱した個体や，違法と知らず，漁師が飼育していた個体の保護など，保護の理由は多様である。

　UWECは，2018年1月31日に，マバンバ湿地で魚をのどに詰まらせ，窒息している個体を，地域住民と協力して保護した。UWECで3ヶ月間に渡り保護しリハビリした後，2018年5月25日に，生息していたマバンバ湿地にて野生復帰が試みられた（図2）。定期的なモニタリングにより，無事に生息していることが確認され，これがUWECでは初となるハシビロコウの野生復帰となった。

5 動物園での展示を通じた教育活動

　UWECで一番有名なハシビロコウは，「Sushi」と名づけられた個体である。Sushiは，2001年にウガンダ中央部のブッシ島で弱っているところを漁師に保護された。表情豊かな個体で，お気に入りの人間がいれば，飼育ケー

図4
UWECのハシビロコウ
とシタツンガ

ジの出入り口に向かって歩いてきて，首を左右に振りながら身をかがめ，挨拶を待つような行動をする。この行動が日本のお辞儀に似ていたことから，Sushi と名づけられた（図3）。

　UWEC では Sushi を含め，2021年7月現在5羽のハシビロコウを飼育している。ハシビロコウは二つに区切られた，湿地を模したバードケージで飼育されており，ホオジロカンムリヅルやクラハシコウ，シタツンガ，ペリカンなどの他の種と混合展示している。特に，湿地に生息するシタツンガとハシビロコウは，サファリが中心となるウガンダの国立公園ではなかなか見られない，ウガンダの湿地の生態系を伝える重要な展示である（図4）。

6 飼育下ハシビロコウの血統管理

　2014年にウガンダで開催された**アフリカ動物園水族館協会**＊の年次総会において，**アフリカ保護プログラム**＊の見直しが図られ，UWEC がハシビロコウの管理計画を担当することが決まった（図5）。同年，UWEC は，ハシビロコウの管理計画をアフリカ動物園水族館協会に

用語解説

【アフリカ動物園水族館協会】
アフリカのすべての動物園と水族館が，動物福祉，保全，教育，研究において，効果的で信頼できる施設となるように指導し，認定する協会。会員数14施設，会長職および支部長職をUWECの園長と保全教育部長が担っている。

【アフリカ保護プログラムとアフリカ保全プログラム】
アフリカ保護プログラム（The African Preservation Programme：APP）は，アフリカの動物園・水族館における共同繁殖プログラムである。2014年にAPPを見直し，血統登録台帳を復活させ，2017年にアフリカ保全プログラム（African Conservation Programme：ACP）とした。

図5　2014年のアフリカ動物園水族館協会　年次総会

筆者は総会でウガンダ野生生物保全事業を紹介した。

図6　UWECにより生物多様性保全および　エコツーリズムが推進されていること　を示すマカナガ湿地のサイン

提出した。この管理計画では，UWECがハシビロコウの研究，調整，繁殖，保全，管理に従事することを定め，UWECは正式にその任務を担うことが認められた。そして，現在，UWECは世界の飼育下ハシビロコウの血統管理を担っている。ハシビロコウは，単独で行動する鳥であることと，年間産卵数が2卵しかないことから，個体数の回復には時間がかかる。このため，世界中の飼育施設と生息地が連携した保全の取り組みが不可欠なのである。

　2014年のアフリカ保護プログラムの見直しにより，アフリカ動物園水族館協会の血統登録台帳が復活し，アフリカの国際的な保全計画への参加が加速した。2017年には，アフリカ保護プログラムを**アフリカ保全プログラム**[*]として再ブランド化することが決定され，現在では，個体群管理についての新しい，より構造的な考え方が推進されている。

6　地域と協働した生息地の保全

　UWECと同じワキソ県に位置するマカナガ湿地帯は，ラ

図7 マカナガ湿地ボートトレイル

図8 マカナガ湿地のハシビロコウ

図9 マカナガ湿地のモモイロペリカン

図10 マカナガ湿地の島の住民

ムサール条約の登録湿地であるマバンバベイ湿地帯に属し，30羽以上のハシビロコウが生息している（図6〜10）。ウガンダの重要野鳥生息地（IBA）のひとつで，ハシビロコウ，クラハシコウ，シタツンガ，ノドブチカワウソをはじめとする多様な固有種が生息している。これらの保全を推進するため，UWECは「生物多様性の保全とエコツーリズムの開発プロジェクト」を実施している。

　マカナガ湿地帯では，漁業およびコーヒー，パイナップル，サトウキビ，ヤム，バナナなどの商業的農業が産業としておこなわれている。一方で，密猟，山火事，農業活動による土地の劣化や除草剤の使用による水の汚染，不適切な漁法，地域固有の生物多様性の重要性に対する地域住民の認識不足などさまざまな脅威により，環境が

悪化している。生物多様性の高い地域であるにも関わらず，野生生物の保護，環境管理，生活改善はほとんどおこなわれてこなかった[2]。

　2013年にUWECでは，世界自然保護基金（WWF）を通じ，国連開発計画（UNDP）からの技術的および財政的支援を得て，「ワキソ県のマカナガ湿地帯における生物多様性の保全とエコツーリズムの推進プロジェクト」に係る生物調査およびブックレットの制作をおこなった（図11左）。その後も精力的に活動を推進し，ボートトレイルの整備，サインの設置，展望台の建設，トイレ施設の改善，エコツーリズムの一環としての学校での音楽・ダンス・演劇の支援，植樹，動植物種の目録制作，水質および土壌分析などを実施した（図11右）。2016年からは，UWECが50人以上の地元ガイドを養成し，Makanaga Wetland Ecosystem Users Association（MWESUA）とよばれるCBO（地域コミュニティを基盤とした組織）を設立し，さらなる保全を進めている。

7 横浜の動物園による技術支援

　横浜市緑の協会は，2008年から2018年にかけて，**ウガンダ野生生物保全事業*** に取り組み，動物園の飼育技術や獣医診療，保全教育および動物園運営の技術移転により，UWECをサポートしてきた[3]。私は2012〜2018年まで，当協会職員とともに，毎年2〜3週間程度

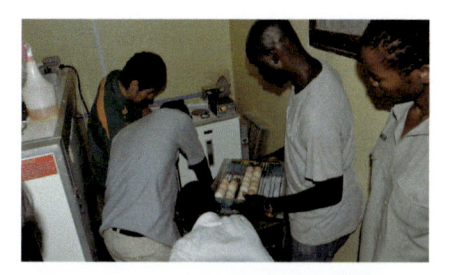
図12 UWECでの鳥類の人工ふ化研修

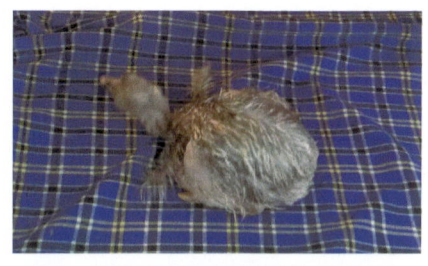
図13 UWECが初めて自力で人工ふ化に成功したダチョウの雛

図14 パペットを用いた教育プログラムの制作風景

図15 湿地保全をテーマとした劇の実施風景

UWECへ渡航し，事業を推進してきた。この事業の中で，ハシビロコウの保全に向け，鳥類の人工育雛技術の移転（図12，13）および教育活動の考案と実践をおこなった。ハシビロコウに関わる保全教育については，UWECの教育担当者と協議を重ね，ハシビロコウおよびその比較教材としてハゲコウのパペットの制作とプログラム開発（図14），湿地保全をテーマとした劇の制作（図15）を実施した。

　2013年2月に渡航した際，私たちはUWECの教育普及スタッフおよび教育普及ボランティアとともに，ハシビロコウとハゲコウのパペットを活用したプログラムを考案し，マカナガ湿地近くの小学校への出張授業をおこなった（図16，17）。授業後に振り返りをおこない，その後もパペットはハシビロコウ保全教育プログラムで活用されている。

図16　マカナガ湿地近くの学校での
　　　保全教育活動

図17　教育プログラムで学校の子供たちが
　　　描いたハシビロコウの絵

8　今後に向けて

　UWECによるハシビロコウ保全の取り組みは，2013年以降活発におこなわれ，横浜市緑の協会も2018年のウガンダ野生生物保全事業の終了まで，その活動をサポートしてきた。ウガンダにおけるハシビロコウの生息域内外の保全は着実に進みつつあるが，以下のとおり，保全を推進するための課題も明確になった。

a)　飼育下および野生下のハシビロコウの遺伝的系統を確立するための遺伝学的調査が未実施

b)　繁殖を促進するためのUWECのハシビロコウ飼育施設が不十分

c)　野生復帰個体や野生個体に対する監視・評価技術の欠如

d)　資金不足により，意識向上／保全教育プログラムが限定的

　今後，UWECでハシビロコウの保全を進めていくにあたっては，保護個体による繁殖を進めるための飼育施設の整備が必要である。ハシビロコウの飼育下繁殖には広い飼育スペースが必要とされるため，飼育施設の拡張が必要とされる。そして，進行する生息地の破壊を食い止めるための，マカナガ湿地におけるエコツーリズムの正式な立ち上げ，そしてこの施設をウガンダにおける湿

地保全教育センターのモデルとして，広く周知していかなければならない。これらを推進していくためには，国際レベルの学術研究機関とのパートナーシップの確立や研究成果の公表に努めることで，重要性をアピールしていくことも不可欠である。

2013年にUWECと協働で開発した劇のシナリオでは，湿地の権利書を売買してしまう地域住民とそれを取材するジャーナリストとの軋轢，専門家と力を合わせてUWECが湿地を取り戻すストーリーが描かれた。野生動物の生息地で，動物や地域住民と密接に関わりながら存在するUWECは，どんな困難にも前向きで，エネルギーにあふれ，ウガンダのどこでも，場合によっては近隣諸国にも駆けつけ，国内唯一の動物園として，野生動物を守ってきた。

最終的に生息地の環境を守ることができるのは，そこに暮らす人々なのだと思う。UWECは，地域住民や専門家とのやり取りを重ね，生息地に暮らす人々が認識していなかった自然環境の価値づけをおこない，現地に雇用を生み出すことで，前向きに保全に取り組む環境をていねいに作ってきた。UWECがハシビロコウを保全するためにはまだまだ多くの人々の協力が必要である。多くの課題は，資金，技術そして人材が必要で，生息地の管理だけでは解決することができない。長く，力強く野生生物保全に立ち向かっていけるよう，生息地に存在する動物園をどのように支援していけるのかをこれからも考え，取り組んでいきたいと思う。

[文 献]

1) International Union for Conservation of Nature. *RED LIST*, Viewed 2024/8/12 〈https://www.iucnredlist.org/species/22697583/133840708〉 (2018).

2) Uganda Wildlife Education Centre. *Discovering the trasures of Makanaga Wetland.* (2014).

3) 公益財団法人横浜市緑の協会. ウガンダ野生生物保全事業報告書フェーズ1〜3, 取得日2021年7月8日, 〈https://www.hama-midorinokyokai.or.jp/hama-zoo/uganda.php〉 (2018).

【一般】

日本全国の
ハシビロコウに会いに
—— 来園者目線で伝えたい，ハシビロコウの「いま」と「これから」

鈴木 詩織
Shiori Suzuki

ハシビロコウ愛好家

静岡県浜松市在住。岐阜大学応用生物科学部 生産環境科学課程 応用動物科学コース卒業。動物繁殖学研究室に所属し，本特集の企画者である楠田哲士先生の下で，卒業論文として「雌雄ハシビロコウにおける糞中の性ステロイドホルモン動態と行動変化からみた繁殖状態に関する研究」に取り組んだ。現在は，一般企業で働きながら全国の動物園を巡り，SNSなどでハシビロコウの魅力の普及に努めている。

ハシビロコウの魅力に取り憑かれ，日本全国の飼育施設を訪問した。動物園に訪れた際の私なりの「楽しみ方」や「発見」を紹介する。また，ハシビロコウは近年メディアで取り上げられる機会が増え，認知度が上がっているが，絶滅危惧種であるという認知度はまだ高いとはいえない。そこで，動物園における保全繁殖を事例にあげ，私たち来園者ができることも紹介する。

1 はじめに

　小学生のころに両親に買ってもらった図鑑を通してハシビロコウを知り，そこからハシビロコウに興味を持った。学生時代にハシビロコウを飼育している施設を訪れる傍ら，大学ではハシビロコウの繁殖生理についての研究に卒業論文として取り組んだ。現在は一般企業の会社員として働きつつ，休日に全国の動物園・水族館を訪問している。同時にX（旧：Twitter）やnoteなどSNSツールを活用することでハシビロコウをはじめとした動物園や水族館に関する情報や楽しみ方を来園者目線で一般向けに

発信している。今回は動物園におけるハシビロコウの楽しみ方を筆者目線で紹介しつつ，各園における取り組みを例に挙げながら，私たち来園者ができることを考えてみたい。

2 日本全国のハシビロコウを訪ねて

ハシビロコウを実際に見たことがあるだろうか？　日本では2024年8月現在，6園13羽が飼育されている（**図1**）。

それぞれの飼育施設の展示方法や情報発信があり，私たち来園者を日々楽しませてくれる。

　私は特に大学生になってからハシビロコウの魅力に取り憑かれ，これまでに全国のハシビロコウを飼育している施設を何度も訪問した。一見すると皆同じように見えるハシビロコウだが顔つきや性格は少しずつ異なり，彼らにも個性があるのがわかる。たとえば，ハシビロコウは高齢になるにつれ，瞳の光彩の色が金色から青色に変化することが知られている[1]。実際に掛川花鳥園で飼育されている「ふたば」という個体は瞳の色が金色であるが，千葉市動物公園で飼育されている「しずか」という個体は瞳の色が青色だ（図2）。2羽とも詳細な生年月日が不明なため正確な年齢がわからないが，「ふたば」は比較的若い年齢の個体，「しずか」は比較的高齢の個体ということが推察できる。

　動物園に実際に訪れ観察していると，書籍やメディア上の動画では得ることのできないたくさんの「発見」がある。そういった「発見」が私なりの楽しみ方だ。たとえば，ハシビロコウの嘴の先端は鉤のように鋭く曲がっている。これは獲物を捕らえた際に滑り落ちないよう発達したと考えられている[2]。では実際にこの部位をどうやって使うのか？　たとえば，掛川花鳥園ではハシビロコウが実際にエサを食べる様子を来園者に見せてくれることがある。その様子を実際に観察していると嘴の先端を使って器用に大きな魚を挟んでいることがよくわかる。また，飲み込む前に消化しやすいようにしているのか何度も魚を噛み砕く動作も観察することができた。実際に動物園に訪れ，生きている個体をじっくり観察することでとても楽しめる。

　ハシビロコウの「動き」についてもさまざまな「発見」がある。獲物が水面に上がるまでじっと待ち続けることから「動かない鳥」と称されるハシビロコウだが，飼育

図2
ハシビロコウの瞳

①上野 ミリー♀, ②上野 サーナ♀, ③上野 ハトゥーウェ♂, ④上野 アサンテ♀, ⑤千葉 じっと♂, ⑥千葉 しずか♀, ⑦松江 フドウ♂, ⑧高知 ささ♂, ⑨高知 はるる♀（2021年10月3日に死亡）, ⑩掛川 ふたば♀, ⑪那須（現神戸）カシシ♀（現在, 高知県立のいち動物公園にて飼育）, ⑫滋賀 はっちゃん♂, ⑬神戸 ボンゴ♂, ⑭神戸 マリンバ♀

下では動く姿をたびたび観察することができる。翼を広げて日光浴をする姿や, 嘴を器用に使って羽繕いをする様子は比較的どの施設でもよく見られる。（**図3**）ところで, 嘴を叩き合わせて音を出す「クラッタリング」とよばれる行動（**図4**）をご存じだろうか？ これは主に求愛行動や仲間同士のコミュニケーションの際におこなわれるとされ[3], ハシビロコウのほかにニホンコウノトリ[4]やシュバシコウ[5]などでも見られる。残念ながら, 飼育下では担当飼育員に対する愛情表現としておこなわれる

図3
日光浴と羽繕い

図4
クラッタリング

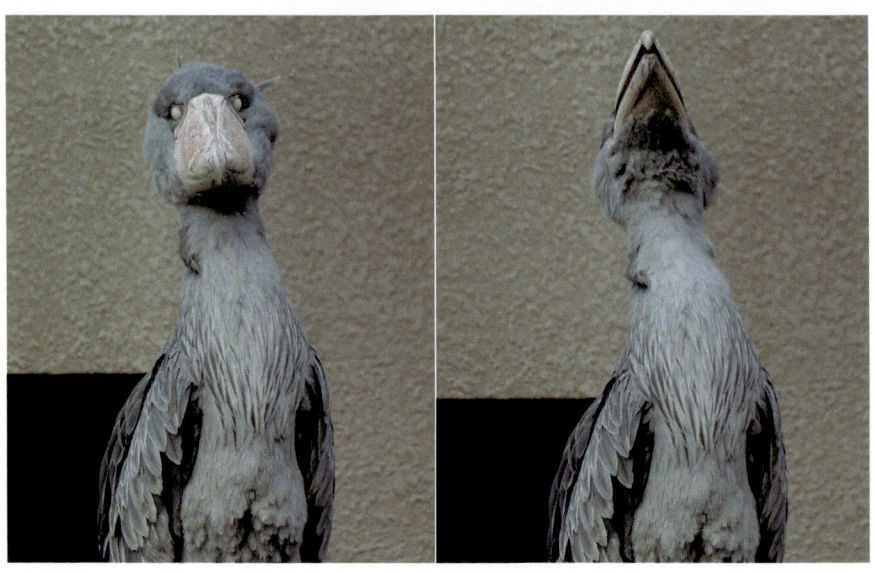

図5
ドジョウを捕食する様子

ことが多いが，まるで銃声のようなけたたましい音が広く響き渡るのは圧巻だ。もしハシビロコウのいる施設を訪問する機会があれば，実際に自分の耳で聞いてみてほしい。

展示場に注目するのも楽しみ方の一つだ。野生下では湿地帯に生息しているため，池や水場を設置している施設が多い。高知県立のいち動物公園では屋外の展示場内に大きな人工池が設置されている。この池にはときおり生きたドジョウが放たれており，ハシビロコウがドジョウを捕らえる様子（図5）や水浴びをする姿を観察することができる。また営巣行動として巣材を運ぶ様子がたびたび見られており（図6），人工的に巣台を設置している動物園もある。神戸どうぶつ王国では野生の生息環境に近い植物が放飼場内に植えられており，実際に巣材を巣台まで運ぶ姿も確認されている。

図6
巣材運び

　このように日本では多くの動物園でハシビロコウが飼育されており，多様なハシビロコウの仕草や行動を観察することができる。世界でも飼育下において数十羽ほどしか飼育されていない彼らを日本の動物園でこれだけたくさん見られるのはどれだけ価値のあることだろうか。

③ 日本におけるハシビロコウの
　キャラクター像

　ハシビロコウはここ数年の間，テレビやインターネット等のメディアで取り上げられる機会が増え一般への知名度が上がっている。特に何時間も動かずにじっとしている姿や飼育員に対して愛嬌を振りまく仕草がファンに人気だ。

「ビル」の献花台
（伊豆シャボテン動物公園）

　かつて伊豆シャボテン動物公園では「ビル」という個体が飼育されていた。この個体は2020年8月6日に推定年齢50歳以上で亡くなり，世界最高齢とされている[6]。私は「ビル」が亡くなった直後，献花のため同園を訪問した。施設内の一画に設置された献花台にはたくさんの来園者からの献花やメッセージ，イラストなどが飾られており（図7），多くのファンから愛されている存在だということを実感した。献花台の近くには「ビル」をモデルにしたオリジナルグッズが数多く展示されており，生前に撮られた映像を流したモニターもそのすぐ傍に設置されていた。「ビル」は現在,剥製標本として再び伊豆シャボテン動物公園内に展示されており，より多くの来園者がハシビロコウを知るきっかけとして再び活躍している。

　このように，日本において「ハシビロコウ」は来園者にとって身近な存在として深く親しまれているように思われる。だが，実は彼らが「絶滅危惧種」であるということを知っている人は少ない。ハシビロコウという動物を知っている人は多いが，彼らの野生下の現状や飼育下繁殖が非常に困難であるという事実はまだあまり広く知られていない（p.028【総論】，p.048【生態】の項を参照）。

図8
扉越しの
「お見合い」の様子
（高知県立のいち動物公園）

4 動物園の取り組みと来園者への発信

　現在，日本の動物園ではハシビロコウの飼育下繁殖を目指してさまざまな取り組みがおこなわれている。高知県立のいち動物公園では2024年8月現在，雌雄各1羽を飼育している（はるる♀は2021年10月3日に死亡。その後，那須で飼育していたカシシ♀が高知へ移動）。野生下では単独生活を好むため普段は雌雄を分けて飼育しているが，ペアリングのため放飼場の一部をメッシュ扉で区切り，扉越しの「お見合い」をさせている（図8）。また最近では同居訓練もおこなわれているそうだ。同居の様子は動物園の公式X（旧：Twitter）を通して公開されている。神戸どうぶつ王国では2020年10月12日から同年12月11日の期間に「花と動物と人との懸け橋プロジェクト」というクラウドファンディングがおこなわ

れていた。このプロジェクトの達成事業の一つに「ハシビロコウの繁殖展示施設の設置」がある。これは今まで飼育していた施設とは別に，ハシビロコウが繁殖に専念できるような施設を新しく建設し，アジア初の繁殖に挑戦するというプロジェクトだ[7]。「ハシビロコウ生態園 Big bill（ビッグビル）」と名づけられ，2021年4月23日から一般公開されている (p.134【繁殖】の項を参照)。

　このように日本の動物園では，ハシビロコウの飼育下繁殖を目指した活動も積極的におこなわれている。一国での飼育数が多く，ハシビロコウが身近に感じられる存在となりつつある日本だからこそ，これらの活動に対する正しい理解がより一層浸透してほしいと私は願っている。

5 おわりに ── 私たち来園者にできること

　ハシビロコウの野生下での個体数は年々減少しており，絶滅の危機に瀕している。そして日本の動物園でこれだけ多くのハシビロコウが見られるのは世界的にも稀である。しかし，それらの現状を知っている日本人は決して多くはない。だからこそ，今後ハシビロコウを飼育する動物園を訪れたより多くの人が，彼らを愛嬌のある「キャラクター」として捉えるだけでなく，保全すべき「絶滅危惧種」としても関心を持ってほしい。

　動物園に足を運んでみると，上野動物園や高知県立のいち動物公園では，教育普及活動として，ハシビロコウの野生下の生態や現状について書かれた掲示物が設置されている。（図9）このような掲示は来園者が手軽に得られる情報手段の一つだ。日によってはスポットガイドやイベントがおこなわれている動物園もある。飼育員やスタッフに直接，質問を投げかけてみることもできる。

　また，SNSを用いた情報発信も近年注目されている。

実際に動物園がSNSを積極的に活用したことにより，来園者がより動物への興味・関心を示す事例も報告されている[8]。東京ズーネット (東京動物園協会が運営する公式サイト) のX (旧：Twitter) ではハシビロコウのライブ配信が不定期におこなわれている。また高知県立のいち動物公園のX (旧：Twitter) ではペアリングの為の雌雄の同居訓練の様子が動画で紹介されており，実際に行けずともその動物園の様子を知ることができる。

公式SNSだけではなく，一般の来園者によるSNS投稿もハシビロコウへの興味・関心をより深める要素として重要だ。ファンによるSNS投稿は時として公式よりタイムリーで影響力のある情報として多くのSNS利用者に刺激を与えることがある。もちろん，投稿のすべてが正しい情報とは限らないが，ハシビロコウに対する理解を深めるために活用してみるのも良いと思う。また，SNSは投稿者 (ファン) 同士のコミュニケーションツールとしても機能している。来園者同士がハシビロコウの個体情報や保全活動に対する意見交換をすることによって，より多くの人がハシビロコウを「絶滅危惧種」として認知するきっかけにもなり得る。実際に筆者自身もX (旧：Twitter) やnoteといったSNSを活用した情報発信や他

の投稿者との意見交換を積極的におこなっている。一般の方々の興味・関心の向上に，少なからず寄与しているのではないかと実感している。

　ハシビロコウは名前こそ多くの人に知られているが，その生態や野生下の現状について知っている人はまだまだ少ない。もし今後実際に動物園などでハシビロコウを見る機会があるなら行動をじっくり観察することで彼らの「いま」を知りつつ，野生下の現状にも興味・関心を持って彼らの「これから」について考えてみてほしい。

[文 献]

1) 千葉市動物公園. ハシビロコウ（東京書籍, 2010）.

2) 今泉忠明. ハシビロコウのすべて 改訂版（廣済堂出版, 2020）.

3) Buxton, L., Slater, J., & Brown, L. H. The breeding behavior the shoebill or whale-headed stork *Balaeniceps rex* in the Bangweulu Swamps, Zambia. *African Journal of Ecology* **16**, 201–210 (1978).

4) 兵庫県立コウノトリの郷公園 コウノトリ郷公園とは コウノトリ 取得日2021年7月6日〈http://www.stork.u-hyogo.ac.jp/park_intro/how_ows/〉.

5) 福岡市動物園 動物紹介 シュバシコウ（ヨーロッパコウノトリ）取得日2021年7月6日〈https://zoo.city.fukuoka.lg.jp/animals/detail/49〉.

6) あなたの静岡新聞 世界最高齢ハシビロコウのビル命尽きる 伊豆シャボテン動物公園. 取得日 2021年7月6日〈https://www.at-s.com/news/article/local/east/795155.html〉.

7) 神戸どうぶつ王国｜花と動物と人との懸け橋プロジェクト READYFOR. 取得日2021年7月6日〈https://readyfor.jp/projects/kobe-oukoku〉.

8) 髙岡素子, 三宅志穂. 動物園におけるSNS コミュニケーションの事例的検討. 日本科学教育学会年会論文集**44**, 111–112 (2020).

ハシビロコウの魅力と撮影のコツ

南幅 俊輔 *Shunsuke Minamihaba*
グラフィックデザイナー・写真家

●ハシビロコウとの出会い

　ハシビロコウを初めて目撃したのは2010年ごろだったと思います。テレビでも取り上げられていたこともあり，巷で「動かない鳥」というシンプルでキャッチーな肩書きが広まっていました。流行に敏感ではない私も，その空気に感化され，伊豆シャボテン公園でハシビロコウのビルの前に身を置いてみました。数々の鳥たちと同居していたビルは，やはりその大きさと動かなさに孤高の鳥という印象が残りました。ただし，そのころのハシビロコウに対する興味はそこまででした。

　グラフィックデザインを本業にしていることもあり仕事以外の写真撮影も趣味としていて，ときどき動物園の動物たちを撮っていましたが，2018年ごろ，私は上野のハシビロコウたちに熱心にカメラを向けていました。そのころ，ハシビロコウがSNSなどで話題になっていて，またしても簡単に影響を受けていたのです。

　とはいえ，意気込んで撮影に向かっても，ハシビロコウたちはまったく動きません。ただ上野動物園では4羽も展示しているので，必ず誰かが動いているはずと思い直し，すぐに隣の展示場へ移動。ですが，そこも動きがありません。しびれを切らし，元いた場所に戻ると，瞬間移動したかのように離れた場所で姿勢良

く立っています。動けるのにその姿を見せまいとしているかのようで，1日のほとんどをハシビロコウ舎の前で過ごすハメになりました。そんな人を惑わすハシビロコウへの興味を深めている時に「ハシビロコウの本を作りませんか」と出版社から声を掛けていただきました。なんというタイミング。これが今に続くカレンダーやハシビロコウ写真集の制作など，ハシビロコウにどっぷり浸かる始まりとなりました。

●ハシビロコウの魅力とは

「動かない鳥」という肩書きはなかなかの良い響きです。イメージとしての好感度が抜群。毎年ハシビロコウのカレンダーを出版し，各月の写真に合わせハシビロコウからのお言葉として「ハシビロ考」を入れています。これがハシビロコウの佇まいにピッタリな感じがします。「動かざること山の如し」とか「安易な道はえらばない」など，浮わついた気持ちや，保守的になりがちな私たち人間を，正しい方向に導いてくれる気がしてきます。

一日中展示場に張りついて撮影していることもあり，来園者のハシビロコウへの反応も興味深いところです。ハシビロコウはどこの動物園でも大人気。以前は来園者の子どもたちが怖がったりしている光景も目にしましたが，最近はファンも増え，好意的にとらえられているようです。初ハシビロコウに「カッコいい〜」と称える姿に，ハシビロコウ好きとしては自分が誉められている気分です。何度も会いにくるファンの方々も同じだと思いますが，今ではハシビロコウたちがすっかり身内のような存在になりました。こうした気持ちにさせる原因は，私はあの目ヂカラにあるのではないかと思っています。

動物園の多くの動物たちは，飼育スタッフ以外はあまり来園者に興味を示しません。じっと見つめられることもまずないので，こちらも安心して動物たちを観察することができますが，ハシビロコウは違います。人のような顔だち（口元をマスクで覆ったような）のまま，まっすぐにこちらに強い眼差しを向けてきます。しかも微動だにせず。そのように見つめられたままでは，当然こちらの心も落ち着きません。目の強さから，もしかしたら人に通ずる自我があるのではないか？何か伝えたいことがあるのではないのか？ と考察というか，あらぬ妄想が湧い

てきます。そうしてしばらく見つめ合いが続けば，すっかりハシビロコウの虜となってしまいます。

●ハシビロコウと見つめ合い

ところで人というのは，時に言葉よりも目でのコミュニケーションを重視することがあります。たわいない雑談とは別に，ここぞという場では目で真意を伝えようとします。「目は口ほどに物を言う」など目に関する慣用句を多く持つ日本でも古くから慣れ親しんできました。つい，目に心を見るという人間の特性のためか，目ヂカラのあるハシビロコウを人に近い存在として捉えてしまうのではないでしょうか。最初は同じに見えていた国内12羽のハシビロコウたちも，今でははっきりとした識別ができ，強烈な個性を感じています。

日本は幸運にもハシビロコウ飼育数が多い国です。その分，年齢や園館での環境の違いがあります。そうした差もありハシビロコウたちを脳内でタイプ分けしてしまいます。たとえば，可愛いお転婆娘，品の良いおばあさま，穏やかな人好き，ナルシストなイケメン，見目麗しいモデル系など。また，会う回数が多いので飼育スタッフへの親しみを自分にも寄せてはくれていないかと期待をするものの，こちらの姿を見るといつも避けられてちょっと悲しい気分。それでも後で写真をチェックすると遠くから，しっかりこちらに目線を向けています。意識してもらえているようにしか思えず，ちょっと危ない人の域に入りそうです。

●ハシビロコウの守り神

実際に会いに行っても，後から写真を見ても楽しいハシビロコウですが，ハシビロコウと出会い，大切なことに気づきました。それは飼育スタッフたちの存在。彼らのハシビロコウや動物たちへの献身的な姿にはいつも頭が下がります。取材をさせていただいたスタッフは，その時に膝を怪我していたのですが長い時間しゃがんで給餌をしたり，他のスタッフは噛まれたり引っかかれても落とさないよう抱え続けていました。動物たちに愛情を注ぎ，365日，常に動物たちを気づかっています。今はSNS等で誰でも情報を発信できる時代です。動物たちの飼育環境に対するコメントも見かけますが，その影響力を心しておくべきかもし

マリンバ
（神戸どうぶつ王国, 2022年4月撮影）

ハトゥーウェ
（上野動物園，2019年7月撮影）

れません。いろいろな動物の取材を通して，動物たちが思った以上にデリケートだということも知りました。とある動物の飼育担当者は自分が落ち込んでいると，動物はそれを感知して体調を崩すこともあるので，SNSは一切見ないそうです。

そういえばハシビロコウの人気の理由に「お辞儀をする」ことがありましたね。ハシビロコウのスタッフへのお辞儀は，形だけでなく日々の苦労もねぎらおうと深々とお辞儀をしているのかもしれません。もちろんハシビロコウのお辞儀をする本当の理由は，私たちが知り得ることができません，見る側が勝手に感情移入しているにすぎません。それでも私たちの想像力を刺激し，強く引きつける希有な存在であることは間違いないでしょう。

●ハシビロコウの撮影方法

最後に撮影方法についてのアドバイス。ハシビロコウの撮影は比較的容易です。動かない鳥ですから，こちらが動いて横，斜め，正面を狙い放題です。一通り撮ったらモデルさんの動くのを待ち続けて次のポーズがきまるまでこちらは休憩です。これは慣れですが，ハシビロコウは案外，動いているものです。ネコ科動物や小さな鳥たちが細々と動き回るので，ハシビロコウは「動かない」印象ですが，羽繕いは頻繁にしています。顔の向きもよく変えています。後は歩いて移動，体をブルブル震わす羽ばたき，足を後方に伸ばす姿勢もまれに見られます。その場で羽をバサバサと上下に振る大きな動きや，大きな飛翔を撮影できればラッキーです。飛び立つ前段階は足を曲げ姿勢を低くし，足を伸ばす反動でふわっと飛び上がります。体を軽くするためなのか，飛び立つ直前にフンをするのも合図です。

各園館の環境が違うので，それぞれ違った背景で撮影することもおすすめです。松江フォーゲルパークは1ヵ所白い壁面があり，トリミング次第ではスタジオ撮影のような写真になります。掛川花鳥園や神戸どうぶつ王国，高知県立のいち動物公園は飛翔しながら天井部を旋回するダイナミックな写真が撮れます。上野動物園では，チャンスがあれば大きな池で水浴びするユニークな姿が撮影できます。

展示場のネット越しに撮る場合は，望遠ズームレンズなどで，被写界深度を浅くし（絞りの数字を小さい方にする），ネットとハシビロコウの距離がある程度

ふたば（掛川花鳥園，2021年12月撮影）

あるとネットがボケて被写体にピントが合います。ネットとハシビロコウの距離が近いときは，難易度は高いですがマニュアル（手動モード）で撮影します。

　近ごろのカメラは動物の瞳モードがついているものも多いので，目にピントも合わせやすくなっています。ガラス越しの場合もあると思いますので写り込み防止のため黒い服で臨みましょう。

　また動物園での撮影は，他の来園者のさまたげにならないように十分に注意して撮影することも頭に入れておきましょう。

　日本はハシビロコウ飼育数世界一。これからもファンがますます増えることを願っています。

動かない鳥の
動いている姿だけの写真集
『踊るハシビロコウ』
発行：ライブ・パブリッシング
A4変型　96p, 2022年発行

南幅 俊輔　*Shunsuke Minamihaba*
グラフィックデザイナー・写真家

盛岡市生まれ。2009年より外で暮らす猫「ソトネコ」をテーマに本格的に撮影活動を開始。ソトネコや看板猫のほか，海外の猫の取材，その他さまざまな動物たちの撮影もおこなっている。著書に，ワル猫カレンダー（マガジン・マガジン，2015年より毎年発行），美しすぎるネコ科図鑑（小学館，2021），ハシビロコウのすべて 改訂版（廣済堂出版，2020）ふたばPHOTOBOOK（廣済堂出版，2019），マヌルネコ15の秘密（ライブ・パブリッシング，2023），ハシビロコウのふたば（辰巳出版，2023），ハシビロコウカレンダー（辰巳出版，2021年より毎年発売），ハシビロコウのフドゥPHOTO BOOK（カンゼン，2024）など多数。

ハシビロコウ マップ (2024年現在)

日本のハシビロコウをマップで紹介する。

● 現存生体
● 骨格・剥製

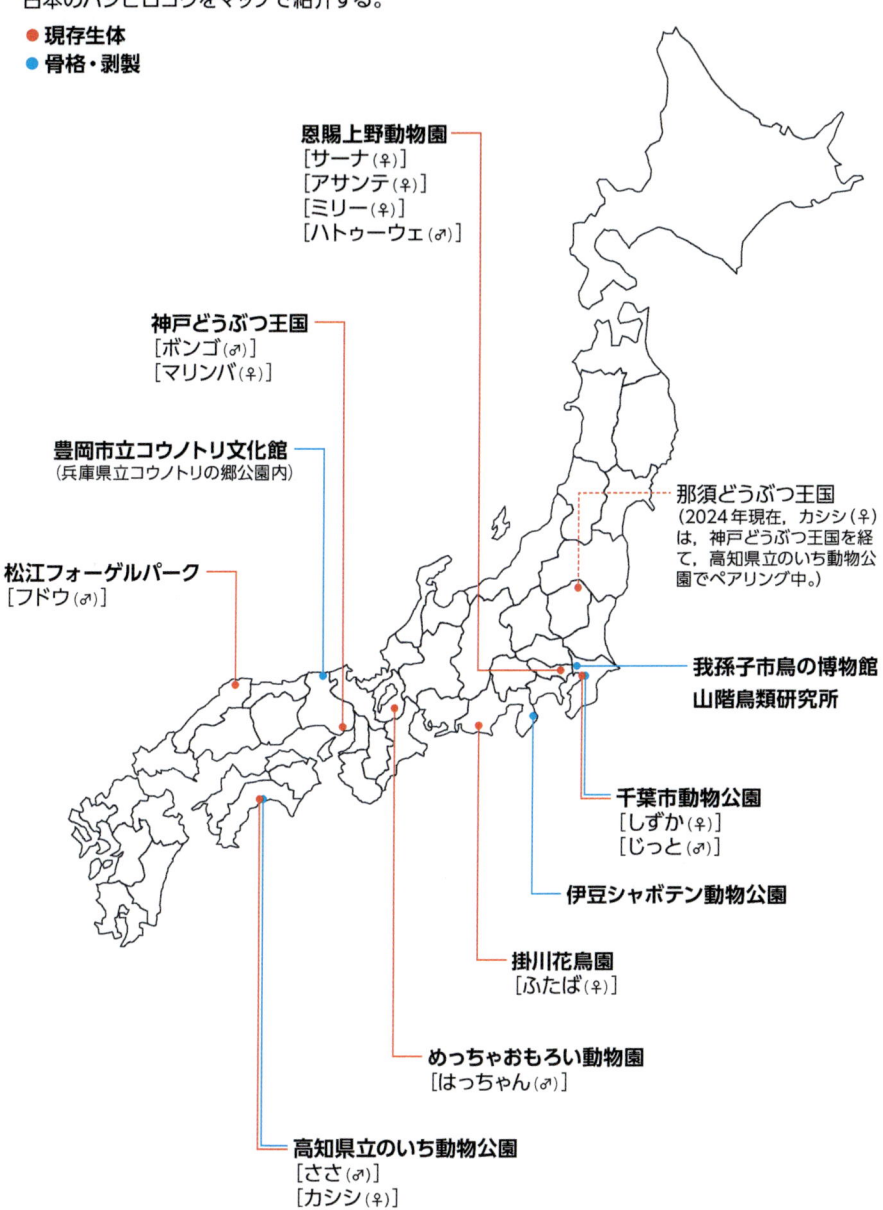

恩賜上野動物園
［サーナ(♀)］
［アサンテ(♀)］
［ミリー(♀)］
［ハトゥーウェ(♂)］

神戸どうぶつ王国
［ボンゴ(♂)］
［マリンバ(♀)］

豊岡市立コウノトリ文化館
（兵庫県立コウノトリの郷公園内）

松江フォーゲルパーク
［フドウ(♂)］

那須どうぶつ王国
（2024年現在，カシシ(♀)
は，神戸どうぶつ王国を経
て，高知県立のいち動物公
園でペアリング中。）

我孫子市鳥の博物館
山階鳥類研究所

千葉市動物公園
［しずか(♀)］
［じっと(♂)］

伊豆シャボテン動物公園

掛川花鳥園
［ふたば(♀)］

めっちゃおもろい動物園
［はっちゃん(♂)］

高知県立のいち動物公園
［ささ(♂)］
［カシシ(♀)］

プロフィール 1990年3月16日来園。

特徴 オスに比べて体格はやや細く，冠羽はやや周囲に広がって生えている。体全体の色味はさほど濃厚ではないシルバー色を呈している。

性格 おとなしい。担当者に対して，クラッタリングをする。

行動 繁殖期近くになると，脚や総排泄腔付近を刺激すると前傾姿勢をとる。営巣行動は，オスの行動より後にみられる。営巣する時期には自分が作った巣にいることが多い。それ以外の時期では平地で行動することが多い。

推しポイント 担当する飼育員が近くを通ったりするだけでクラッタリングをするため，その時に動画撮影をするのがおすすめ。巣に上がるときに羽ばたく姿がみられる。

園の紹介 千葉市立動物公園として開園し，2025年に開園40周年を迎える。草食動物のほか，霊長類の動物も充実しており，2016年からは肉食動物の展示を開始し，総計98種471点の動物を飼育している。

開園時間 9：30〜16：30

アクセス 千葉都市モノレール「動物公園」駅下車 徒歩1分

HP https://www.city.chiba.jp/zoo/

プロフィール 2005年7月22日来園。

特徴 オス独特な特徴として嘴の先端は鋭利な鉤状になっており，他個体の嘴に穴を開けてしまうほどである。冠羽は上方にまっすぐに伸びている。体全体の色味はさほど濃厚ではないシルバー色を呈している。

性格 メスに対して強気に接する傾向があり，音，来園者に対して物応じしない。

行動 営巣行動中は，展示場周辺の巣材を集め，巣の上にのぼって巣作りをしているが，それ以外の時期では平地で行動することが多い。

推しポイント 日光浴などで翼をダイナミックに広げているところは圧巻で，巣に飛ぶ場合は翼を上下に動かすことで飛翔音が聞こえるので，是非耳を澄まして聞いてほしい。

飼育担当者

水上 恭男
飼育第2班 主査

191

プロフィール 生年月日：2001年。23歳。2002年11月12日来園。

特徴 足に青いリングが1本ついている。くちばしの黒い斑点が一番少ない。

性格 縄張り意識が非常に強く，見慣れない人が近づくと攻撃する。

行動 ヘビでも捕食する。

園の紹介 恩賜上野動物園は，東京の都心部にありながら自然とその景観を維持している都市型の動物園で，約300種3,000点の動物を飼育している。

開園時間 9時30分〜17時（入園および入園券・年間パスポートの販売は16時まで）

アクセス JR上野駅・京成電鉄上野駅・東京メトロ千代田線 根津駅から徒歩5分／東京メトロ銀座線・日比谷線 上野駅から徒歩8分／都営地下鉄大江戸線 上野御徒町駅から徒歩10分

HP https://www.tokyo-zoo.net/zoo/ueno/

プロフィール 生 年 月 日：2002年1〜2月。
22歳。2002年11月12日来園。

特徴 足に黄色いリングが1本ついている。

性格 縄張り意識がやや強い。

行動 給餌したコイに対して比較的貪欲。

193

プロフィール 生年月日：不明。推定23歳。
2003年8月19日来園（来園時推定2歳）。

特徴 足に緑のリングが1本ついている。

性格 人に対しては穏やかだが，他のハシビ
ロコウに対しては縄張り意識をみせる。

行動 好奇心旺盛。

ハトゥーウェ(♂) 恩賜上野動物園

プロフィール 生年月日：不明。推定22～23歳。2005年7月27日来園（来園時推定3～4歳）。

特徴 足に黄色いリングが2本ついている，頭の大きさに対し嘴の割合が比較的大きい。

性格 人に対しては穏やかだが，他のハシビロコウに対しては縄張り意識をみせる。

行動 地面より少しでも高いところに乗る。

プロフィール 2014年12月 那須どうぶつ王国から来園。タンザニア出身。推定年齢12歳。

特徴 体が大きい，冠羽が中央より。

性格 気分屋で活発。

行動 お気に入りの場所によく巣材を運ぶ。

推しポイント 鋭い目つき。

園の紹介 「花と動物と人とのふれあい共生」をテーマとした全天候対応の動植物園です。緑に溢れ，色とりどりの花が咲き誇る園内では150種800頭羽の動物たちが自由に過ごしています。ハシビロコウの繁殖を目的に生息環境を再現したエリア「ハシビロコウ生態園Bigbill（ビッグビル）」では，ハシビロコウが飛ぶ姿や魚を狙う姿など躍動的な様子を間近で観察することが出来ます。

開園時間 10：00〜17：00

アクセス 神戸新交通ポートライナー「計算科学センター駅（神戸どうぶつ王国・「富岳」前）」下車徒歩1分

HP https://kobe-oukoku.com

プロフィール 2015年11月 タンザニアから来園。タンザニア出身。推定年齢9歳。

特徴 体が小さい，冠羽が左右に広がっている。

性格 臆病で慎重派。

行動 雨が降るとお気に入りの倒木の上で雨に打たれる。

推しポイント 雨に打たれた後の頭のぼさぼさ感。

飼育担当者

長嶋 敏博
動物管理部動物管理課
1係

プロフィール 2010年7月22日来園。

特徴 換羽が短くガッシリとした体型。羽並みがキレイで端正な顔立ち。

性格 最も頻繁に世話をする職員以外に対しては攻撃的。

行動 毎年立派な巣を作る。人工物を卵に見立てて，2ヶ月間抱いていたことがある。

推しポイント 2ｍくらいの高さの植栽帯の上に営巣し，そこから来園者を見下ろしている。クラッタリングは重低音で迫力がある。

園の紹介 生息地の環境を再現した緑豊かな動物公園で周囲の自然と一体化し，四季の野鳥や草花も観察できる。温帯の森，熱帯の森，アフリカ・オーストラリアゾーン，ジャングルミュージアム，こども動物園で構成された園内には，約100種類1,400点の動物たちがのどかに暮らしている。

開園時間 9：30〜17：00（入園16：00まで）

アクセス 高知自動車道南国ICから車で約20分／高知龍馬空港から車で10分／土佐くろしお鉄道ごめん・なはり線のいち駅から徒歩20分

HP https://noichizoo.or.jp/

プロフィール 2013年4月7日 那須どうぶつ王国来園。2022年12月20日 のいち動物公園来園。

特徴 冠羽が長く左右に分かれている。スレンダーな体型。

性格 誰に対しても友好的に挨拶する。環境への適応力が非常に高い。

行動 ドジョウを捕まえるのが上手い。いろいろなポージングで日光浴する。

推しポイント ブリーディングローンにより那須どうぶつ王国からやってきた人気者。よく草を引き抜き咥えて歩いているが営巣するわけではなく，プールに落とすなどちょっと不思議な動きを見せる。

プロフィール 2016年3月15日来園。同年7月1日一般公開。

特徴 日本ではおそらく一番若いハシビロコウ。

性格 好奇心旺盛で，自由気まま。

行動 動かない事が多いですが，水浴び・藁運び・エリア内を旋回などアグレッシブな一面もあります。

推しポイント 名前の由来となった頭の上の羽（冠羽）です。ヘアスタイルが日によって変わるので要チェックです！

園の紹介 花と鳥とのふれあいが楽しめるテーマパークです。約100種600羽の鳥を飼育しています。全天候型大型ガラスハウスの園内は，温度が管理され季節を問わず楽しめます。餌やり，ふれあい，バードショーを通して鳥の魅力をたっぷり味わえます。

開園時間 9：00～16：30　休園日：第2第4木曜日（繁忙月を除く）

アクセス 東名高速道路「掛川IC」より約5分／JR掛川駅南口より徒歩約800 m

HP https://k-hana-tori.com

飼育担当者

副島 慎介
バードスタッフ

プロフィール 2019年3月来園（公開開始は7月）。年齢不明。

特徴 名前は一般募集で、「不動」から「フドウ」と名づけました。人をよく見分けています。飼育員が私服を着ている程度では関係なく見分けて、クラッタリングやおじぎで挨拶してくれます。

性格 人見知りなく、のんびり、おっとりしています。

行動 朝〜午前中は活動的。午後からは、フドウの名前通りじっと動かなかったり、座ってお昼寝したりと、ゆったり過ごしています。日が落ちて暗くなると寝床に座って眠りにつきます。

推しポイント 表情豊かで食べる姿や歩く姿、あくびさえも絵になるフドウです。一日中見ていても飽きません。

園の紹介 国内最大級の花の大温室をもつ、花と鳥のテーマパークです。豪華な花々が一年中咲き誇り、たくさんの珍しい鳥たちと出会うことができます。中国地方で唯一「ハシビロコウ」を展示している施設です。

開園時間 9：00〜17：30（4月〜9月）／9：00〜17：00（10月〜3月）入園は閉園の45分前まで

アクセス 一畑電鉄 松江フォーゲルパーク駅から徒歩1分

HP https://www.ichibata.co.jp/vogelpark/

飼育担当者

森本 未来
飼育課

写真：おぴ〜とうもと

プロフィール 2021年6月来園。推定年齢10歳。

特徴 身長120 cm／体重6.2 Kg／足30 cm／嘴20 cm／片翼90 cm

性格 新しいものを見るとなんでもおもちゃにしようと噛んでみるやんちゃな子です。女性より男性の方が好きです。

行動 日中は座ってることが多いです。名前を呼ぶとたまに立ち上がって挨拶してくれます。

推しポイント 怒った顔です。好きではないスタッフが通ると口を開け怒った顔をするのですがそんな顔もとても可愛いです。

園の紹介 本園は滋賀県甲賀市水口町にある県内唯一のふれあい室内動物園です。

開園時間 平日 11：00〜17：00／土日祝 10：00〜17：00（予約なし）

アクセス 最寄駅JR草津線三雲駅 バス15分ドンキホーテ前下車

HP https://www.jacksons.jp

飼育担当者

梅田 万智
飼育員

剥製・骨格ライブラリ

我孫子市鳥の博物館
千葉市動物公園
豊岡市立コウノトリ文化館
（兵庫県立コウノトリの郷公園内）

伊豆シャボテン動物公園
高知県立のいち動物公園

｜標本番号 ACMB-02274（♀）｜

プロフィール ハシビロコウ本剥製
年齢：幼鳥
採集地：ザンビア共和国
採集日：1994年8月1日
展示状況：公開

｜標本番号 ACMB-03511（♀）｜

プロフィール ハシビロコウ本剥製
年齢：成鳥
動物園個体：千葉市動物公園
死亡日：2002年2月7日
展示状況：非公開

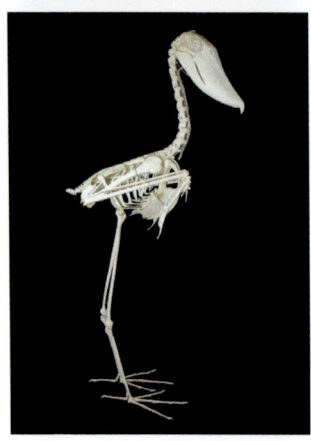

｜標本番号 ACMB-03515（♀）｜

プロフィール ハシビロコウ骨格標本
年齢：成鳥
動物園個体：千葉市動物公園
死亡日：2002年2月7日
展示状況：非公開

※標本番号03511と同一個体で，1羽から本剥製と骨格標本を作成する両取りという手法を用いています。

上記施設のほか，山階鳥類研究所（千葉県）にも剥製標本や骨格標本を収蔵しているが，一般には未公開。

| 個体No.3 (♀) |

プロフィール 剥製
来園：1989年10月19日
死亡：1994年10月21日

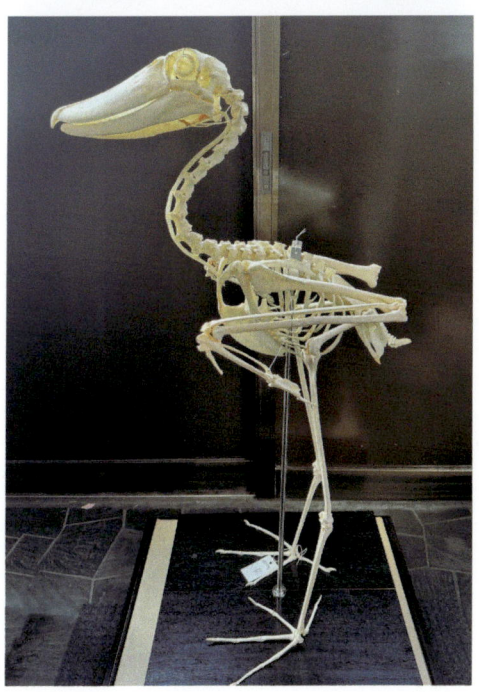

| 個体No.7 (♀) |

プロフィール 骨格標本
来園：1997年10月19日
死亡：2002年3月21日

※非展示だった2024年に修繕を実施した。いずれも2024年11月現在，非展示（建物の改修のため），2025年3月29日から展示再開予定。

個体番号 No.4 (♂) 豊岡市立コウノトリ文化館 (兵庫県立コウノトリの郷公園内)

プロフィール 1989年に千葉市動物公園に来園し，1997年に死亡。動物園で冷凍保存されていたものを豊岡市が譲り受け，標本（部分剥製と部分骨格）を2001年に製作しました。

推しポイント 部分剥製（左翼，両足）と部分骨格（頭部〜頚部）として展示されています。

園の紹介 兵庫県立コウノトリの郷公園では，国内で一度絶滅したコウノトリを飼育繁殖し野生復帰させる事業に取り組んでいます。園内にある豊岡市立コウノトリ文化館では，コウノトリをはじめとする豊岡市の自然や文化などについて展示紹介しています。

開園時間 9：00〜17：00　入園無料・駐車場無料
休園日：月曜日（休日に当たるときはその翌日），12/28〜1/4

アクセス 北近畿豊岡自動車道「但馬空港IC」から約20分／JR山陰本線「豊岡駅」から約4.5 km／全但バス「コウノトリの郷公園・法花寺・下の宮」行き，「コウノトリの郷公園」下車／コウノトリ但馬空港から約12 km

HP 兵庫県立コウノトリの郷公園：https://satokouen.jp/
豊岡市立コウノトリ文化館：https://kounotoribunkakan.com/

飼育担当者

豊岡市立コウノトリ文化館職員一同

豊岡市立コウノトリ文化館は，「NPO法人コウノトリ市民研究所」が指定管理者として運営しています。主に豊岡市内でビオトープづくり，生きもの調査，自然観察会などの活動をおこなっています。

プロフィール 1971年スーダンのハルツーム動物園より来日，1981年4月28日一般財団法人進化生物学研究所より伊豆シャボテン公園（当時，現：伊豆シャボテン動物公園）に来園。2020年8月6日死亡（老衰），解剖の結果メスであることが判明。「ビル」の来園40周年にあたる2021年4月28日より剥製標本として展示。

来園後は，39年間の長きにわたり広い「バードパラダイス」にて，自室とバードパラダイス内を行き来できる自由な環境で生活をしていました。お客様の間近に姿をあらわすことも多々あり，国内ではなじみのなかった"動かない鳥"ハシビロコウの存在が世に知られるきっかけとなりました。

園の紹介 1959年，静岡県伊東市に開園した動植物園です。約20万m²の園内では，約1,500種類の世界中のサボテンや多肉植物が栽培され，約140種類の動物を飼育しています。放し飼いのクジャクやリスザルが園内を自由に歩き回るなど，動物との距離感の近さが特徴です。そして今や全国的に有名になった「元祖カピバラの露天風呂」は，伊豆シャボテン動物公園が発祥の地です。

開園時間 9：30〜17：00（3月〜10月），9：30〜16：00（11月〜2月）
※最終入園時間は閉園の30分前

入園料金 平日：大人（中学生以上）2,700円，小学生1,300円，幼児（4歳以上）700円
土日祝，繁忙期：大人（中学生以上）2,800円，小学生1,400円，幼児（4歳以上）700円

アクセス ［東海道新幹線・東海道本線利用］熱海駅よりJR伊東線で伊東駅，伊東駅からバスで約35分，タクシーで約25分／伊東駅より伊豆急行線で伊豆高原駅，伊豆高原駅からバスで約16分，タクシーで約10分　［東名高速道路利用］東名高速，厚木ICより約85km（小田原厚木道路「小田原西IC」を降りて国道135号線経由）東名高速，沼津または長泉沼津ICより約55km（伊豆縦貫自動車道・伊豆中央道経由）

HP https://izushaboten.com/

207

はるる(♀) ‖ 高知県立のいち動物公園

2015年3月30日来園。
2021年10月3日死亡。

特徴 ハシビロコウの中でも体格は小柄で可愛らしい。

性格 慎重派で日光浴好き。

行動 カエルやカマキリなど小さい生き物を見つけるなど，観察眼は鋭い。収容時に名前を呼ぶとかくれんぼしていた「はるる」。「はるる」の名前は春の時期に来援したからところから名付け，投票で決定。

剥製・骨格ライブラリ ‖ **とと**(♂) ‖ 高知県立のいち動物公園

プロフィール 2010年7月22日来園。
2014年8月10日死亡。

特徴 嘴の色が黒っぽく，体は「ささ」よりも大きい。静かな凛とした顔は，何もかもお見通しのような風貌。

性格 名前を呼ぶと丁寧に頭を下げて，あいさつをする律儀なハシビロコウ。

行動 「とと」の控えめな姿。「とと」と「ささ」の名前は，高知の南国土佐から命名。

繁殖を目指したペアリング

飼育担当者

木村 夏子

公益財団法人 高知県
のいち動物公園協会
飼育第2係長・学芸員

こども動物園、爬虫類、
ワオキツネザル、レッ
サーパンダなどの担当
を経て、2022年より
ハシビロコウとプチハ
イエナを担当している。

2010年から当園で飼育している「ささ（オス）」の繁殖のために2015年に「はるる」が来園し，飼育を開始しました。しかし2羽の見合いや同居をおこなっていた最中に「はるる」が死亡し（p.208参照），良い関係を築くことなくペアは解消となりました。

その後，那須どうぶつ王国からブリーディングローン（繁殖のための動物の貸し借り）により「カシシ」を借り受けられることになりました。那須どうぶつ王国で人気者の「カシシ」でしたが，ハシビロコウの今後を考え，移動を決断していただいたものでした。

「カシシ」の来園にあたり，「はるる」とのペアリングの経験から現施設での課題を可能な限り改善するべく、見合いスペースの拡充と監視カメラの設置をおこないました。そして2022年12月「カシシ」は当園にやってきました。

ハシビロコウは野生下で前年使用した巣を翌年も使用することがあるそうで，「ささ」もここ数年は毎年同じ場所に直径1mほどの巣を作っていました。しかし「カシシ」が来園してからは屋内展示場の「カシシ」が見える位置に営巣場所を変更しました。またペアリング1年目2023年の秋には，展示場内に埋め込まれた標柱（配管の位置を示す小さなマンホールのようなもの）を卵に見立てて一日中抱卵していました。この行動は鳥インフルエンザ対策により屋外展示場に出られなくなるまでの2ヶ月間続きました。見合いや同居では距離が近くなりすぎると互いに突き合い闘争になりますが，お辞儀などの好意的なやり取りもよく見られます。2023年6月には挨拶や接近しすぎることによる闘争が多くなり，双方を強く意識しているようでした。

その後「ささ」は7月中旬，「カシシ」8月下旬に頻繁に相手を気にするような様子が観察されました。岐阜大学動物保全繁殖学研究室で分析していただいた結果でも8月下旬から「カシシ」のホルモンが高値を示しました。しかしながら前述したように9月になると「ささ」は抱卵を始め，「カシシ」や職員への排他的な行動も強くなりました。ペアリングの時期を過ぎ，巣を守る気持ちが強くなっていったようです。

ペアリング2シーズン目の2024年は昨年の行動やホルモン検査の結果を基に5月から同居を開始しました。「カシシ」は積極的に「ささ」に向かっていきますが，接近されると「ささ」は「カシシ」を攻撃しようとします。「カシシ」は負けじとやり返しますし，「ささ」が離れようとしても許さず追いかけてくることもあります。「カシシ」は当園にくるまでに2羽のオス，1羽のメスとの同居経験があり，「ささ」より一枚上手と感じます。執筆中の現在もペアリングの最中ですが，夏に近づくにつれ互いに距離感をつかめるようになってきているようで，もめごとは減り，ポジティブなやりとりが増えてきています。今後も環境を整え2羽が良い関係を築けるよう働きかけていきたいと思います。

遺伝いきものライブラリ④

ハシビロコウの生物学

謎の鳥の進化・生態・飼育・繁殖・保全を徹底解説

発 行 日	2024年11月26日　初版第一刷発行
編　　　集	『生物の科学　遺伝』編集部
発 行 者	吉田　隆
発 行 所	株式会社エヌ・ティー・エス

〒102-0091 東京都千代田区北の丸公園2-1 科学技術館2階
Tel. 03-5224-5430　http://www.nts-book.co.jp/

ブックデザイン	坂　重輝 (有限会社グランドグルーヴ)
印刷・製本	株式会社ウィル・コーポレーション

ISBN978-4-86043-862-3